Edmund Nkrumah Nana Kwame

Gestão das infra-estruturas públicas no Gana

Edmund Nkrumah Nana Kwame

Gestão das infra-estruturas públicas no Gana

ScienciaScripts

Imprint
Any brand names and product names mentioned in this book are subject to trademark, brand or patent protection and are trademarks or registered trademarks of their respective holders. The use of brand names, product names, common names, trade names, product descriptions etc. even without a particular marking in this work is in no way to be construed to mean that such names may be regarded as unrestricted in respect of trademark and brand protection legislation and could thus be used by anyone.

Cover image: www.ingimage.com

This book is a translation from the original published under ISBN 978-620-2-30858-8.

Publisher:
Sciencia Scripts
is a trademark of
Dodo Books Indian Ocean Ltd. and OmniScriptum S.R.L publishing group

120 High Road, East Finchley, London, N2 9ED, United Kingdom
Str. Armeneasca 28/1, office 1, Chisinau MD-2012, Republic of Moldova, Europe
Printed at: see last page
ISBN: 978-620-8-26347-8

ÍNDICE DE CONTEÚDO

RESUMO

Este estudo procurou avaliar as práticas de manutenção e a melhoria da qualidade das infra-estruturas públicas, adoptando o Teatro Nacional do Gana como estudo de caso. Esta investigação examinou especificamente as práticas de manutenção do Teatro Nacional, os resultados dessas práticas e as perspectivas do pessoal sobre as práticas de manutenção. Foi utilizado um estudo de caso único para o estudo, o que implicou a combinação de questionários e entrevistas para obter dados do pessoal e da direção do Teatro Nacional. O estudo revelou que as práticas de manutenção no teatro são maioritariamente de rotina, envolvendo a limpeza, a fumigação e a assistência técnica. Existem também planos de manutenção trimestrais e anuais, mas todos eles são trabalhos de manutenção preditiva e preventiva. Os trabalhos de manutenção no teatro garantiram a serenidade e a habitabilidade do Teatro Nacional a curto prazo. As práticas de manutenção também ajudam a manter a estética e a atração do teatro a médio prazo e, a longo prazo, as práticas de manutenção evitaram a avaria súbita de equipamentos importantes e impediram o colapso súbito de toda a instalação. No entanto, as práticas de manutenção no Teatro Nacional não foram bem integradas nas práticas de gestão da qualidade, pelo que alguns dos importantes benefícios a longo prazo das práticas de manutenção não foram tidos em conta e há uma acumulação de trabalhos de manutenção a efetuar. O pessoal do Teatro Nacional não ignora os atrasos na manutenção com que a instituição se depara, mas sugere que tal resulta de uma dotação orçamental inadequada para a manutenção. O estudo conclui recomendando que, para além de aumentar a dotação orçamental para a manutenção, é necessário melhorar a cooperação e o apoio do público ao Teatro Nacional, a fim de melhorar a qualidade do edifício.

CAPÍTULO 1

INTRODUÇÃO

1.0 Antecedentes do estudo

O objetivo das infra-estruturas públicas, tais como edifícios e outras instalações, é satisfazer as necessidades sociais e administrativas como forma de cumprir as responsabilidades económicas para com o público em geral (Sani, Mohammed, Saidin & Awang 2012). Apesar disso, a manutenção adequada dos bens públicos não tem merecido a devida atenção. Consequentemente, o desenvolvimento nascente do Gana é afetado por um défice de infra-estruturas e por uma manutenção aparentemente deficiente dos bens públicos existentes.

Efobi e Anierobi (2014) observam que as infra-estruturas inadequadas e a má manutenção das existentes são caraterísticas marcantes das nações em desenvolvimento. Entretanto, as infra-estruturas públicas são essenciais para o desenvolvimento nacional sustentável e, por conseguinte, a melhoria da qualidade do património do Estado é um dever nacional importante. Efobi e Anierobi (2014) explicam que, embora os países em desenvolvimento continuem a investir fortemente em novas infra-estruturas, a sustentabilidade das existentes sofre de uma cultura de manutenção deficiente. A manutenção é proactiva. Implica actividades realizadas para manter, restaurar ou melhorar as infra-estruturas existentes de acordo com padrões apreciáveis e para manter a utilidade e o valor das instalações ao longo do tempo (Adenugu, Olufowobi & Raheem 2010). Em relação aos bens públicos ou às infra-estruturas, a manutenção implica esforços calculados para apoiar e sustentar as infra-estruturas públicas existentes. Refere-se à série ou a iniciativas autónomas destinadas a manter ou restaurar a propriedade pública em padrões aceitáveis (Efobi & Anierobi, 2014).

A manutenção é um aspeto importante da gestão da qualidade do projeto. No que diz respeito à gestão de instalações em particular, Khan (2013) refere-se a isto como gestão da flexibilidade e explicou que os projectos de construção requerem uma gestão flexível, uma vez que estes projectos são imprevisíveis e os gestores têm de lidar com mudanças e desafios por vezes inesperados. Na sequência disto, são necessárias actividades de manutenção contínua para manter ou melhorar a qualidade do projeto. Isto significa que a manutenção adequada é uma boa prática de gestão de projectos que contribui para a qualidade do projeto.

Historicamente, no sector público subfinanciado, as práticas de manutenção são pobres porque a manutenção era considerada uma tarefa evitável e um acréscimo insignificante à qualidade da propriedade pública. Além disso, havia a preocupação de gastar recursos escassos que poderiam ser mais bem empregues (Adenugu, Olufowobi & Raheem 2010). Por este motivo, a manutenção dos bens públicos, tais como edifícios históricos, repartições públicas, equipamentos básicos e outros bens geridos pelo Estado, é terrível no Gana. Este facto levou algumas propriedades do Estado a um ponto de colapso virtual, enquanto outras continuam a ser degradadas e a perder valor.

O desejo de melhorar as práticas de manutenção é frequentemente expresso por activistas, líderes políticos e pela população, mas a vontade de o fazer é muito reduzida. Por isso, a questão das más práticas de manutenção no Gana tem sido objeto de debate público sem que sejam tomadas as medidas necessárias. Este estudo investiga as práticas de manutenção da propriedade pública com o objetivo de explorar a forma como as práticas de manutenção e a qualidade da propriedade pública podem ser melhoradas no Gana.

Esta investigação limita-se empiricamente ao teatro nacional do Gana, um edifício nacional com cerca de vinte e quatro (24) anos, construído e doado ao governo do Gana pelo governo chinês. O teatro é um bem nacional parcialmente comercial e uma instituição multifuncional com a responsabilidade de desenvolver e promover as artes do espetáculo. Ao longo de duas décadas da sua existência, as instalações foram objeto de algumas pequenas obras de manutenção, como aspiração, revisão, pintura e outras obras de fundo, mas o seu estado ainda deixa muito a desejar.

O jornal *The Herald* relata que há fugas em partes do teto do teatro, alguns aparelhos de ar condicionado avariaram e partes do chão da sala principal estão expostas devido a alcatifas gastas.

No exterior, a magnífica fonte de água que ornamenta a fachada do teatro tornou-se verde com espirogiras e muito malcheirosa devido a meses de estagnação da água (The Herald, 2012).

Na sequência do estado menos desejável do Teatro Nacional e da necessidade de assegurar a manutenção adequada da propriedade pública, este estudo investiga as práticas de manutenção no teatro nacional.

1.2 Descrição do problema

As práticas de manutenção e a gestão da qualidade do património público no Gana são desagradáveis. Muitos edifícios históricos, infra-estruturas estatais e outros bens públicos não beneficiam de qualquer manutenção periódica coordenada. Os monumentos nacionais foram danificados, deteriorados e desmoronados em consequência desta falta de gestão da qualidade das instalações geridas pelo sector público.

Matindi (2013) opina que os gestores de edifícios públicos devem considerar a manutenção como uma estratégia operacional útil para a preservação do património. Em apoio, Ofori (2013) explica que, embora muitas decisões sobre a qualidade do projeto sejam tomadas durante as fases de planeamento e conceção, a maioria dos esforços de gestão da qualidade ocorre durante a fase de execução do projeto e mesmo depois. Isto implica que as práticas de manutenção serviriam um bom propósito quando integradas como parte das práticas de gestão após a conclusão do projeto. As práticas de manutenção adequadas contribuem para o sucesso, o bem-estar e o funcionamento de todos os que utilizam as instalações. Além disso, a manutenção adequada contribui para garantir a segurança dos ocupantes, dos utilizadores dos edifícios e do público em geral, ao passo que as más práticas de manutenção desvalorizam as infra-estruturas e podem ser a causa do colapso súbito dos edifícios ou da sua deterioração precoce (Sani, Mohammed, Saidin & Awang 2012).

No Gana, a má manutenção é generalizada, nem mesmo as empresas comerciais geridas pelo Estado são poupadas. Este estudo investiga as práticas de manutenção no Teatro Nacional do Gana, com o objetivo de melhorar as práticas de manutenção e a qualidade deste importante bem do Estado.

O teatro nacional começou a funcionar em 1992. É um edifício semi-comercial e polivalente, equipado profissionalmente de acordo com padrões globais, com uma programação única e viável em formas artísticas contemporâneas e tradicionais, como a música e a dança. O Teatro Nacional do Gana é um edifício enorme que ocupa uma área de 11 896 metros quadrados. Está situado no distrito de Victoriaborg, em Accra (National Theatre, 2016).

Pela sua natureza e objetivo, esta propriedade do Estado requer mais do que uma manutenção de rotina, a fim de permanecer relevante para a programação contemporânea. O teatro é encerrado anualmente para trabalhos de manutenção de rotina, tais como fumigação, limpeza, pintura e outros trabalhos menores. Não obstante, a complicada moldagem da construção e o novo exterior desta instalação exigem uma gestão prudente da qualidade que acrescente valor ao projeto.

Algumas partes do teto do teatro têm fugas sempre que chove, alguns aparelhos de ar condicionado estão avariados e algum equipamento de palco precisa de ser substituído. A bela fonte de água que outrora ornamentava a fachada do teatro perdeu o seu encanto, uma vez que raramente flui. Este estado conduziu a perdas de receitas para o teatro, uma vez que os organizadores de eventos já não consideram o teatro para grandes eventos. O estado do teatro também afectou a frequência das visitas turísticas ao local.

Basta dizer que, apesar dos trabalhos de manutenção de rotina, o estado atual do Teatro Nacional é menos desejável e o monumento nacional está a perder valor rapidamente. À luz disto, o presente estudo procura investigar as práticas de manutenção no Teatro Nacional do Gana; examina também os desafios associados à manutenção das instalações e as medidas que podem ser instituídas para melhorar a qualidade das instalações.

1.3 Objectivos do estudo

O objetivo geral do estudo é explorar a forma de melhorar a cultura e a qualidade da manutenção do teatro nacional do Gana.

O estudo tem como objetivo;

i. Identificar as práticas de manutenção do Teatro Nacional do Gana

ii. Examinar os resultados das actuais práticas de manutenção;

  a. a curto prazo

  b. a médio prazo

  c. a longo prazo

iii. Analisar as opiniões do pessoal sénior e júnior sobre as actuais práticas de manutenção.

1.4 Questões de investigação

As seguintes questões de investigação estão na base do estudo

i. Quais são as práticas de manutenção do Teatro Nacional do Gana?

ii. Quais são os resultados das actuais práticas de manutenção a curto, médio e longo prazo?

iii. Qual é a opinião do pessoal sénior e júnior sobre as actuais práticas de manutenção?

1.5 Importância do estudo

Este estudo investiga a cultura de manutenção dos bens públicos. O resultado do estudo permitirá esclarecer o governo, os decisores políticos, os gestores imobiliários e outros intervenientes importantes sobre a necessidade de melhorar a manutenção e a qualidade dos bens públicos. O estudo explora especificamente as práticas de manutenção do Teatro Nacional, um bem do Estado e, por conseguinte, dá aos cidadãos a oportunidade de compreenderem como são geridos os bens nacionais, como os edifícios públicos.

Além disso, a natureza retrospetiva do estudo e a exploração detalhada servem como uma avaliação das práticas de gestão institucionalizadas no teatro nacional com o objetivo de melhorar os padrões de manutenção. Assim, o resultado do estudo é valioso para a gestão das instalações, na medida em que permite avaliar a eficácia e a suficiência da atual cultura de manutenção. O estudo identifica igualmente medidas que podem ser adoptadas para reforçar a gestão da qualidade dos bens do Estado. Por último, o resultado do estudo contribuirá para completar os conhecimentos já disponíveis sobre a cultura de manutenção e poderá servir de base a novas investigações.

1.6 Âmbito do estudo

Esta investigação é um estudo sobre a cultura de manutenção no Teatro Nacional do Gana.

O estudo está delimitado às actividades de manutenção planeadas realizadas pela direção do Teatro Nacional do Gana. A participação no estudo está limitada ao pessoal do Teatro Nacional. Além disso, devido à conceção de estudo de caso utilizada para o estudo, as conclusões são específicas do Teatro Nacional.

1.7 Organização do estudo

Este estudo é composto por cinco capítulos inter-relacionados. O primeiro capítulo apresenta os antecedentes do estudo, identifica o problema de investigação, os objectivos do estudo, bem como as questões de investigação. O mesmo capítulo contém a importância do estudo e o âmbito do mesmo. O segundo capítulo consiste na revisão da literatura relevante. Isto implica uma revisão de revistas académicas, livros e outras publicações relevantes. O terceiro capítulo é dedicado à explicação dos métodos adoptados para a recolha e análise de dados. Este capítulo explica a conceção da investigação, a estratégia de amostragem, as fontes de dados e as técnicas de recolha de dados. O capítulo quatro apresenta uma análise dos dados recolhidos. Neste capítulo, as conclusões do estudo são discutidas e apresentadas de uma forma que satisfaz os objectivos do estudo. O capítulo cinco é o capítulo final. Apresenta um resumo, bem como conclusões e recomendações para o estudo.

CAPÍTULO 2

REVISÃO DA LITERATURA

2.1 Introdução

Este capítulo apresenta uma revisão da literatura relevante para o estudo. Os materiais examinados neste capítulo incluem livros, artigos de revistas e relatórios especiais relacionados com as práticas de manutenção. O capítulo contém definições de terminologias, literatura empírica e o quadro teórico subjacente ao estudo.

2.1 Manutenção

Uma e Obikike (2014) descrevem a manutenção como a capacidade e a competência de manter as infra-estruturas disponíveis para uma utilização normal ao longo do tempo. Para Bangboye (2006), a manutenção é a prática de restaurar o estado operacional de um bem a um custo reduzido, a fim de aumentar a vida útil do bem. Estas definições captam o objetivo e a prática da manutenção. Ambas as definições identificam a procura da preservação dos activos como um objetivo importante da manutenção.

É interessante notar que a compreensão da função de manutenção ou a prática da manutenção registou uma certa evolução nas últimas décadas. A conceção convencional da manutenção consiste em reparar as avarias ou resolver os problemas estruturais. Este pensamento sobre a manutenção é agora considerado restrito porque as práticas de manutenção já não estão confinadas às tarefas reactivas de acções de reparação de instalações ou substituição de itens (Irajpour, Fallahian-Najafabadi, Mahbod & Mohammad, 2014). Assim, a abordagem convencional da manutenção é identificada como manutenção reactiva, manutenção de avarias ou manutenção corretiva. Uma visão mais recente da manutenção é definida por Gits (2002) como uma referência às actividades destinadas a manter um artigo no estado físico considerado necessário para o cumprimento da sua função de produção, ou a restaurá-lo. O âmbito desta definição inclui certamente tarefas de manutenção pró-ativa, como a manutenção de rotina e a inspeção periódica, a substituição preventiva e o controlo do estado dos equipamentos.

A fim de garantir que as infra-estruturas, o equipamento e outros bens do edifício continuem a funcionar corretamente, a prática da manutenção deve considerar outras actividades. Assim, actividades como o planeamento do trabalho, a compra e o controlo de materiais, a gestão do pessoal e o controlo da qualidade são também necessárias para uma manutenção eficaz (Gits, 2002). Irajpour, et al. (2014) observou que esta variedade de responsabilidades e actividades converte a manutenção de uma função simples numa função complexa de gerir.

Para Irajpour et al. (2014), em última análise, as práticas de manutenção devem assegurar a disponibilidade contínua e a produtividade do ativo mantido, quer se trate de um equipamento ou de uma infraestrutura de construção. Alguns dos vários tipos de manutenção são explicados de forma sucinta.

2.2.1 Tipos de manutenção

Manutenção de avarias (BM): Este tipo de manutenção é efectuado após uma falha técnica do equipamento ou da infraestrutura do edifício. A manutenção de avarias tem a ver com a reparação. Esta estratégia foi implementada principalmente nas organizações fabris antes de 1950. Durante esse período, a manutenção das máquinas era efectuada apenas quando era necessária uma reparação. Esta forma de manutenção é descrita como manutenção não planeada porque as avarias são frequentemente imprevisíveis. A confiança na manutenção de avarias é perigosa, pois pode levar a paragens não planeadas, danos excessivos, problemas com peças sobresselentes, custos de reparação elevados, tempo de espera e de manutenção excessivos, bem como problemas elevados de resolução de problemas (Herbaty, 2000).

Manutenção Preventiva (MP): Este conceito é um tipo de controlo físico da infraestrutura ou do equipamento para evitar avarias súbitas. A manutenção preventiva é planeada e pode incluir actividades que são iniciadas depois de a infraestrutura ter sido utilizada durante um certo período de tempo. A manutenção preventiva depende da probabilidade estimada de a infraestrutura se avariar ou entrar em colapso se não for objeto de manutenção a um determinado intervalo. A manutenção preventiva é muito importante porque, no caso dos serviços de construção, uma negligência mínima pode resultar em perigo potencial. As práticas de manutenção preventiva incluem: limpeza completa, substituição de peças, aperto e ajustamento estrutural (Telang,1998).

Manutenção preditiva (PdM): A manutenção preditiva é frequentemente referida como manutenção baseada nas condições (CBM). As práticas de manutenção preditiva são iniciadas em resposta a um estado específico da infraestrutura ou à deterioração do desempenho. Isto implica a utilização de técnicas analíticas para medir o estado físico do equipamento ou da infraestrutura, como a vibração, a lubrificação, a temperatura e a corrosão. Quando um ou mais destes indicadores atingem um determinado nível de deterioração, são levadas a cabo iniciativas de manutenção para repor a instalação ou o ativo no nível desejado. Na manutenção preditiva, as instalações só são consideradas merecedoras de atenção quando existem provas diretas da ocorrência de deterioração. A manutenção preditiva baseia-se no mesmo princípio que a manutenção preventiva. O cerne da manutenção preditiva baseia-se na necessidade de efetuar a manutenção apenas quando a reparação é realmente necessária, e não após um determinado período de tempo (Irajpour et al. 2014).

Manutenção corretiva (MC): A manutenção corretiva tem por objetivo principal evitar as falhas do equipamento. As práticas de manutenção corretiva são aplicáveis à melhoria das instalações; assim, as falhas súbitas podem ser eliminadas, melhorando a fiabilidade, uma vez que a infraestrutura pode ser simplesmente mantida. Telang (1998) observa que a principal diferença entre a manutenção corretiva e a manutenção preventiva se baseia no momento da ação de manutenção. No que diz respeito às práticas de manutenção corretiva, o sistema de ação corretiva deve identificar um problema antes de serem tomadas medidas corretivas. A manutenção corretiva é planeada e tem por objetivo contribuir para melhorar a fiabilidade, a facilidade de manutenção e a segurança da infraestrutura, reduzir as deficiências de conceção (materiais, formas), reduzir a deterioração e as falhas. De acordo com Cobbinah (2010), a manutenção corretiva também pode ser de emergência. A manutenção corretiva de emergência refere-se a trabalhos de manutenção que devem ser iniciados imediatamente por razões de saúde, segurança, proteção ou para evitar a rápida deterioração da estrutura ou do tecido.

Prevenção da manutenção (MP): Esta categoria de práticas de manutenção baseia-se na fase de conceção da infraestrutura. Nesse caso, a infraestrutura, o equipamento ou a instalação são concebidos de forma a não necessitarem de manutenção. Esta condição de manutenção é ideal e não é fácil de assegurar, especialmente no caso das infra-estruturas de construção. No entanto, no desenvolvimento de novos equipamentos, as actividades de prevenção da manutenção devem começar na fase de conceção, antes da criação ou aquisição (Wireman, 1998). A prevenção da manutenção baseia-se frequentemente em falhas anteriores do equipamento e no feedback das áreas de produção para garantir a conceção de equipamentos isentos de manutenção para os sistemas de produção.

As práticas de manutenção das infra-estruturas podem igualmente ser classificadas em três grandes categorias identificadas por Speight (1982) num trabalho seminal.

Nesta classificação, as práticas de manutenção podem ser classificadas como principais, periódicas ou de rotina.

As grandes reparações ou restauros implicam trabalhos de manutenção planeados e de grande orçamento, tais como a renovação de telhados ou a reconstrução de paredes defeituosas, incorporando frequentemente um elemento de melhoramento. A manutenção periódica é a manutenção efectuada a intervalos regulares. Um exemplo típico é a adjudicação de contratos anuais de pintura, decoração e afins. A manutenção de rotina ou quotidiana é também, em grande medida, um tipo de manutenção preventiva, como a verificação das calhas de águas pluviais e a manutenção das instalações mecânicas e administrativas.

É de salientar que, apesar da existência de várias práticas de manutenção, o objetivo da manutenção é manter o edifício, a infraestrutura ou o equipamento em condições desejáveis ou adequadas. De acordo com Cobbinah (2010), o estado adequado de um edifício é aquele que permite que o edifício seja utilizado para os fins para os quais foi concebido, com um mínimo de despesas de capital. Não obstante, o estado adequado de um edifício é influenciado por muitos factores, incluindo a função do edifício, a sua imagem pública, ou mesmo o prestígio nacional.

2.3 Gestão da qualidade

Dale (1999) considera que os estudos sobre a gestão da manutenção devem situar-se no âmbito da gestão da qualidade, uma vez que a manutenção tem por objetivo assegurar a qualidade das infra-estruturas ou dos equipamentos. Além disso, tanto a manutenção como a gestão da qualidade procuram atingir o mesmo objetivo, o aumento da produtividade. Na sequência disto, Mohamed (2005) adverte que a manutenção e a gestão da qualidade não devem ser dissociadas, mas sim integradas como parte da estratégia da empresa para garantir a disponibilidade contínua do equipamento, a qualidade da produção e a competitividade da prestação.

Kaufmann e Wiltschko (2006) observaram que a gestão da qualidade é processual e estruturada. É definida pela Organização Internacional de Normalização ISO 9000 como actividades coordenadas para dirigir e controlar uma organização no que diz respeito à qualidade. A direção e o controlo da qualidade incluem geralmente a definição da política e dos objectivos da qualidade, o planeamento da qualidade, o controlo da qualidade, a garantia da qualidade e a melhoria da qualidade.

Os vários elementos do continuum de gestão da qualidade são brevemente ilustrados no Quadro 2.1, abaixo.

Quadro 2.1 Elementos da gestão da qualidade

Quality element	**Description**
Quality Planning	Focused on setting quality objectives and specifying necessary operational processes and related resources to fulfil the quality objectives
Quality Control	Fulfilling quality requirements
Quality Assurance	Providing confidence that quality requirements will be fulfilled
Quality Improvement	Increasing the ability to fulfil the quality requirements

Adaptado de (Wiltschko & Kaufmann, 2006)

A gestão da qualidade é também um conceito muito importante na gestão de projectos. Na gestão de projectos, trata-se simplesmente de uma referência a todos os procedimentos e actividades necessários para determinar e atingir os resultados do projeto. Em princípio, a gestão da qualidade num projeto é necessária para garantir a satisfação do cliente, a melhoria contínua e a prevenção de avarias. A gestão da qualidade, enquanto conceito de gestão de projectos, tem implicações em termos de custos para o projeto. Os custos de conformidade com as práticas de gestão da qualidade (custos de prevenção e custos de avaliação) são inferiores aos custos de não conformidade (custos de falha interna e custos de falha externa). Os projectos que não estão em conformidade com as normas de qualidade podem dar origem a processos de responsabilidade, trabalhos de garantia e até mesmo perda de negócios, que podem ser evitados através de práticas simples de gestão da qualidade (Ebi & Obidike, 2014). Além disso, a gestão da qualidade é também uma filosofia de gestão, designada por Gestão da Qualidade Total. Esta filosofia é descrita pela Organização Internacional de Normalização 9000 (2000) como uma abordagem de gestão de uma organização, centrada na qualidade, baseada na participação de todos os seus membros e com o objetivo de obter sucesso a longo prazo através da satisfação do cliente e de benefícios para os membros da organização e para a sociedade.

Entretanto, em termos de gestão de instalações e manutenção de infra-estruturas, Pheng (1996) descreve a TQM como uma filosofia de gestão descendente centrada no controlo da variação dos processos, no envolvimento dos trabalhadores e na melhoria contínua da qualidade, a fim de satisfazer as necessidades dos clientes. Estas definições sublinham que a filosofia TQM envolve todas as pessoas, a todos os níveis e em todas as funções e, essencialmente, a TQM faz parte de uma estratégia empresarial para satisfazer as expectativas dos clientes.

A literatura analisada nesta secção mostra que tanto a gestão da qualidade como a manutenção são meios para um fim comum de melhoria da qualidade e da produtividade. No entanto, é revelador saber que a gestão da qualidade faz parte da estratégia organizacional global e deve refletir-se em todos os níveis da organização. Isto implica que as estruturas, projectos ou equipamentos concebidos sem oportunidades inerentes de melhoria contínua podem não resistir ao teste da qualidade ao longo do tempo.

2.4 Melhoria contínua e gestão da qualidade

A gestão da qualidade também pode ser assegurada através da melhoria contínua. Esta pode ser entendida como uma iniciativa transformadora de toda a organização, que está associada à geração de mais lucros a curto prazo, à manutenção desses ganhos a longo prazo e ao aumento da competitividade da empresa. Este pensamento convida os líderes organizacionais a considerarem a Melhoria Contínua das suas instalações (equipamento e infra-estruturas) como uma forma de investimento empresarial que vai aumentar ou diminuir a competitividade da empresa a longo prazo (Aartsengel & Kurtoglu 2013).

A melhoria contínua pode ser descrita por Bhuiyan e Baghel (2005) simplesmente como consistindo em iniciativas de melhoria destinadas a aumentar os êxitos e a reduzir os fracassos. É basicamente uma abordagem dedicada à inovação incremental contínua. Esta abordagem da gestão da qualidade dá ênfase ao pensamento organizacional e sistémico. A melhoria contínua é uma filosofia de gestão reconhecível que estipula que a maioria das coisas (instalações, activos, infra-estruturas e empresas) pode ser melhorada. De acordo com Van Aartsengel e Kurtoglu (2013), a melhoria contínua é um desvio do pensamento de que são as coisas estragadas que precisam de ser reparadas. Por este motivo, o foco da melhoria contínua são os "processos" e não as actividades individuais de garantia da qualidade. Assim, é possível alcançar a melhoria contínua através de pequenas mudanças incrementais, em vez de esperar por saltos gigantescos; isto faz com que a melhoria da qualidade seja da responsabilidade de todos. Nesta perspetiva, a manutenção e a gestão da qualidade são consideradas essenciais para melhorar o desempenho de todo o sistema ou empresa. No entanto, tanto a gestão da qualidade como a melhoria contínua consideram o cumprimento ou a superação das expectativas dos clientes como os principais objectivos das actividades de gestão.

2.5 Cultura de manutenção

A cultura de manutenção implica a adoção de medidas para cuidar adequadamente das infra-estruturas. No domínio da gestão das infra-estruturas, a cultura de manutenção revela a adoção de uma atitude organizacional que consiste em assegurar a manutenção, a reparação e a renovação frequentes dos activos funcionais ou dos sistemas estabelecidos, de modo a garantir a sua utilidade contínua (Uma & Abidike, 2014). Parse (2001) acrescenta que, culturalmente, a manutenção pode ser comparada à preservação. Na opinião de Parse (2001), uma cultura de manutenção ou preservação implica a realização de acções facilitadoras, de assistência e/ou de apoio e a tomada de decisões que ajudam a reter valores relevantes.

A cultura de manutenção também implica que as práticas de manutenção isoladas foram agora encadeadas e coordenadas de uma forma que torna a manutenção enraizada e repetitiva. Numa organização, é essencial fazer da manutenção uma "cultura" porque, como afirmam Nganga e Nyongesa (2012), na raiz da "organização" está o estabelecimento efetivo de uma cultura que mantém forte o ambiente de aprendizagem. Um clima organizacional favorável pode facilitar a aprendizagem e a melhoria do desempenho. Além disso, tal como Kotter e Heskett (1992) conceptualizam, a cultura organizacional engloba disposições estáveis de crenças e normas, que são comuns a uma organização. Isto indica que, a nível organizacional, uma cultura de manutenção representa uma constelação de valores, normas e crenças de manutenção que são partilhados por toda a organização. Uma e Abidike (2014) afirmam que uma cultura de manutenção ou de não-manutenção, embora latente, informaria a atitude dos funcionários, da gestão e de outras partes interessadas em relação à inspeção das infra-estruturas, às obras de reparação e a outras actividades destinadas à preservação dos bens.

No contexto do presente estudo, as práticas de manutenção e a cultura de manutenção são utilizadas indistintamente para captar a série de actividades que abrangem o planeamento, a orçamentação e a execução das reparações. Inclui igualmente a manutenção planeada, a reabilitação e a substituição das infra-estruturas, a fim de assegurar que estas sejam mantidas em boas condições.

2.6 Manutenção das infra-estruturas públicas no Gana

As dificuldades do Gana em matéria de desenvolvimento de infra-estruturas e de manutenção das existentes são incontestáveis. De acordo com as estimativas do Ministério das Finanças (2014), é necessário despender cerca de 1,5 mil milhões de USD por ano durante a próxima década para resolver o défice de infra-estruturas do Gana, mas o que continua a ser desconhecido é o montante de dinheiro que o erário público perde anualmente devido à falta de manutenção das infra-estruturas públicas já existentes.

As infra-estruturas públicas são definidas como os investimentos físicos, tais como estradas, água e esgotos, energia, caminhos-de-ferro e aeroportos, entre outros, que são tradicionalmente fornecidos pelo sector público (Fox & Smith, 1990). A propriedade das infra-estruturas públicas pertence ao Estado. Por outras palavras, os projectos de infra-estruturas financiados e construídos pelo Governo do Gana, para fins recreativos, de emprego, de saúde e segurança e outras utilizações na sociedade, podem ser classificados como infra-estruturas públicas.

Uma e Abidike (2014) afirmam que a falta de manutenção das infra-estruturas públicas no Gana é uma questão de interesse público, uma vez que as estruturas públicas apresentam defeitos visíveis ou ruíram devido à falta de manutenção. Embora a negligência da manutenção tenha resultados cumulativos que se manifestam numa deterioração crescente do tecido e dos acabamentos dos edifícios, acompanhada de ameaças à vida dos ocupantes, a manutenção das infra-estruturas públicas no Gana não é levada a sério. Cobbinah (2010) observa que muitas infra-estruturas públicas no Gana, em particular os edifícios públicos, são objeto de uma manutenção deficiente, uma vez que as janelas, as portas e outros elementos e instalações do edifício mostram frequentemente sinais de falta de manutenção e reparação.

Numa investigação sobre a gestão da manutenção das infra-estruturas públicas, Eghan (2014) relata que os edifícios públicos no Gana se encontram num estado geral de degradação e que o pessoal de manutenção é mal formado e incompetente. Eghan (2014) acrescenta que a falta de manutenção das infra-estruturas no Gana é generalizada, tanto no sector público como no privado. No entanto, a escassez fenomenal de manutenção é mais frequente no sector público. A falta de uma cultura de manutenção favorável no Gana tem um custo, uma vez que as infra-estruturas existentes teriam de ser substituídas por outras novas após o seu colapso. Infelizmente, ainda não existem políticas claras sobre a manutenção das infra-estruturas públicas e as dotações orçamentais para a manutenção das infra-estruturas públicas são insuficientes e incoerentes (Cobbinah, 2010; Eghan, 2014).

Uma e Abidike (2014) afirmam que o sector da construção tem uma necessidade especial de manutenção. Isto deve-se ao facto de os projectos de construção terem períodos de início e de conclusão, após os quais são entregues aos utilizadores, que são responsáveis pela conservação das instalações. Infelizmente, muitas pessoas não apreciam a necessidade de manutenção e isto é evidente na forma como a manutenção é concebida e praticada no sector público (Iyagba, 2005). Assim, na ausência de uma orientação correta para a manutenção e de uma cultura de manutenção devidamente concebida, muitas pessoas continuam a considerar a manutenção dos edifícios como uma tarefa evitável que pode ser abordada de forma fragmentada e descoordenada.

2.7 Resultados das práticas de manutenção

Do ponto de vista físico, as práticas de manutenção garantem a qualidade da estrutura do edifício ao longo de todo o tempo, de modo a cumprir os requisitos ou normas modernas. Garantir a qualidade dos edifícios ao longo do tempo é importante porque algumas infra-estruturas públicas podem existir durante várias décadas e mesmo séculos (Eghan, 2014). A manutenção frequente do ambiente construído garante o conforto e a satisfação dos ocupantes, assegurando que a conceção e a funcionalidade da infraestrutura não se tornam totalmente obsoletas e continuam a ser relevantes para apoiar a ocupação "moderna" ao longo do tempo.

Uma e Obidike (2014) afirmam que a manutenção é essencialmente a coisa certa a fazer, especialmente em circunstâncias de escassez de recursos. É inaceitável adotar o hábito de permitir que recursos escassos sejam desperdiçados em resultado da falta de manutenção. Uma e Obidike (2014) argumentam que isto se deve ao facto de o desenvolvimento económico e a existência de infra-estruturas públicas estarem interligados, necessitando de uma manutenção adequada. Uma base sólida de infra-estruturas afecta a produção e o consumo de um país, uma vez que a manutenção traz inúmeros efeitos positivos diretos e indirectos. Por exemplo, manter as infra-estruturas públicas dos edifícios em boas condições é uma fonte de criação de riqueza.

Além disso, a manutenção regular melhora a qualidade das infra-estruturas públicas. A inculcação de uma cultura de manutenção tem a vantagem de aumentar a qualidade das infra-estruturas públicas e de evitar uma depreciação excessiva do seu valor ao longo do tempo. A manutenção preventiva regular garante que os vários componentes dos edifícios públicos que podem sofrer deterioração devido ao envelhecimento ou como resultado da reação aos caprichos climáticos sejam rapidamente detectados e repostos num estado mais merecido. Esta é também uma estratégia para a melhoria da qualidade e a melhoria contínua das infra-estruturas públicas (Parida & Kumar, 2009). No caso dos edifícios, uma prática de manutenção preventiva adequada pode melhorar a qualidade do ar interior, ao passo que uma manutenção preventiva insuficiente pode ser prejudicial para a mesma. Por exemplo, a falta de manutenção preventiva pode causar fugas no telhado, criando condições para o crescimento de toupeiras e resultando potencialmente em doenças respiratórias para os ocupantes do edifício (Schuman & Brent, 2005).

Além disso, as infra-estruturas públicas são um meio para atingir um fim. Os edifícios públicos foram construídos para fornecer determinados bens sociais e, por conseguinte, a sua manutenção visa assegurar que esses edifícios sejam preservados para continuarem a servir o seu objetivo final (Olagunju, 2012). De facto, outro significado para a manutenção de um edifício público é o de preservar esses edifícios no seu estado original, na medida do possível. Além disso, o bem de capital de um edifício é valioso e valoriza-se ao longo do tempo; por conseguinte, as práticas de manutenção que preservam as infra-estruturas asseguram que o valor económico continua a valorizar-se, ao mesmo tempo que o objetivo original para o qual a infraestrutura foi fornecida também é servido (Afranie & Osei-Tutu, 1999).

De um ponto de vista estético, as práticas de manutenção asseguram igualmente que as infra-estruturas dos edifícios públicos permaneçam elegantes e atraentes durante um longo período de tempo. A criação e manutenção de uma aparência adequada através de práticas de manutenção apropriadas pode contribuir positivamente para o ambiente exterior e as condições sociais. Pelo contrário, os edifícios degradados podem contribuir para a privação social e para serviços e instalações mal conservados, desperdiçam energia e recursos e podem afetar negativamente o ambiente (Odediran, Opatunji, & Eghenure, 2012).

As práticas de manutenção são igualmente necessárias para garantir que os edifícios e outras infra-estruturas públicas não se desmoronem ou avariem subitamente, impedindo a prestação de serviços públicos. Os edifícios com manutenção adequada funcionam sem problemas e permitem que os funcionários públicos façam o seu trabalho e sirvam o público. Uma vez que a manutenção preventiva inclui inspecções regulares e a substituição de equipamentos cruciais para o funcionamento de um edifício, o pessoal de manutenção reduz os problemas que, de outra forma, poderiam levar a uma rutura súbita e inesperada das operações (Olagunju, 2012).

2.8 Factores que influenciam as práticas de manutenção das infra-estruturas

Uma prática eficaz de manutenção de infra-estruturas de edifícios requer um conhecimento profundo da conceção e utilização do edifício. Isto inclui também uma apreciação dos materiais de construção utilizados, dos requisitos dos clientes e da gestão proactiva das alterações a esses requisitos. Esta compreensão é necessária para facilitar a capacidade de diagnóstico, bem como a incorporação das necessidades de sustentabilidade nas práticas de manutenção. Essencialmente, a prática de manutenção de instalações que precisa de ser implementada numa infraestrutura de um edifício depende da conceção estrutural, bem como dos equipamentos e acessórios do edifício (Parida & Kumar, 2009). Não obstante, podem ser identificados vários factores como determinantes ou factores de influência comuns na manutenção das infra-estruturas.

Ocupante/proprietário do edifício: Em primeiro lugar, o proprietário ou ocupante de um edifício determina se a manutenção das instalações será efectuada ou não. Esta decisão é influenciada pelo comportamento ou atributos do proprietário ou ocupante. Um proprietário ou ocupante com uma orientação ou paixão pela gestão de instalações estará provavelmente interessado no desenvolvimento e implementação da gestão de instalações de um edifício. Por outro lado, um proprietário ou ocupante com uma má atitude em relação à manutenção pode não considerar a manutenção uma tarefa importante (Kelechi, 2014)

Valor económico ou benefícios do edifício: Além disso, a decisão de implementar ou não práticas de manutenção das instalações é influenciada pelos benefícios/valores económicos de o fazer (em comparação com o custo de não o fazer e o custo de implementação). Para muitas obras de reabilitação importantes, as opções são ponderadas antes de se chegar a uma decisão

(Usman, Gambo, & Chen, 2012). Em relação ao valor económico, um custo elevado de implementação da manutenção das instalações de um edifício pode desencorajar a sua execução e vice-versa (Olagunju, 2012).

Tipo e qualidade dos materiais utilizados na construção: O tipo e a qualidade dos materiais de construção utilizados podem também determinar o conteúdo e o contexto da manutenção das instalações. Por exemplo, a má qualidade dos materiais de construção pode resultar em avarias mais frequentes e em intervenções de manutenção mais frequentes e, por conseguinte, num custo de implementação relativamente mais elevado. Este facto tende a desencorajar as práticas de manutenção das instalações. O inverso é verdadeiro quando são utilizados materiais de construção de boa qualidade (Olagunju, 2012).

Competências e conhecimentos técnicos: Há também ocasiões em que os ocupantes do edifício não possuem as competências e a tecnologia necessárias para manter as instalações com o comportamento desejado. Uma prática eficaz de manutenção das instalações exige que as práticas de manutenção sejam concebidas de acordo com as instalações de um edifício. Por exemplo, as práticas de manutenção das instalações de um edifício de vidro serão diferentes das de um edifício de metal.

Ambos os edifícios requerem um certo nível de competências e conhecimentos básicos para garantir uma manutenção eficaz. Para além da disponibilidade de tecnologia e de mão de obra especializada, a disponibilidade ou indisponibilidade de recursos físicos afecta as decisões de manutenção (Kelechi, 2014). Assim, quando não estão disponíveis materiais adequados para a manutenção, torna-se difícil efetuar a manutenção.

Disponibilidade de fundos: Odediran, Opatunji e Eghenure (2012) argumentam que os orçamentos de manutenção são os mais fáceis de cortar quando o dinheiro é escasso. No entanto, esta situação é mais comum no sector público, onde os efeitos prejudiciais de uma manutenção deficiente são menos visíveis de imediato. No caso das infra-estruturas públicas, é comum que os governos dêem ênfase à construção de novas infra-estruturas, com pouco financiamento para a manutenção eficaz das existentes.

Inexistência de uma política de manutenção: Afranie e Osei-Tutu (1999) consideram as políticas de manutenção como uma estratégia no âmbito da qual são tomadas decisões em matéria de manutenção. Em alternativa, pode ser descrita como as regras de base para a afetação de recursos (homens, materiais e dinheiro) entre os tipos alternativos de acções de manutenção que estão disponíveis para a gestão. A fim de proceder a uma afetação racional dos recursos, os benefícios dessas acções para a organização no seu conjunto. Uma organização que disponha de uma política de manutenção codificada terá provavelmente actividades de manutenção mais eficazes do que uma organização que não disponha de tal política.

2.9 Quadro teórico

O estado das infra-estruturas públicas no Gana é deplorável, uma vez que a manutenção das infra-estruturas existentes é geralmente deficiente. As práticas de manutenção são necessárias para garantir que as infra-estruturas e outros bens valiosos permaneçam funcionais e produtivos. Campbell (1995) defendeu a manutenção, indicando que a manutenção é uma das nove actividades que devem ser consideradas no processo de gestão de activos. No modelo do ciclo de vida dos activos, Campbell (1995) sugere que a manutenção deve fazer parte de uma estratégia empresarial global com indicadores definidos.

Campbell (1995) considera que a gestão da manutenção tem essencialmente a ver com actividades como o planeamento, a organização, o controlo e o inventário das realizações. As etapas específicas que compõem o ciclo de gestão de activos são as nove etapas seguintes: Estratégia de activos, planear, avaliar, conceber, criar ou adquirir, operar, manter, modificar e eliminar. No entanto, num dos comentários mais extensos sobre o modelo, Mohamed (2005) observa que as nove etapas podem ser reduzidas a oito, retirando a última etapa, a eliminação, uma vez que, pela sua natureza, alguns activos não foram concebidos para serem eliminados após a sua utilização.

A manutenção é um dos pilares fundamentais do processo de gestão de activos em oito etapas postulado por Campbell (1995). A relação entre os processos de gestão de activos em oito etapas é ilustrada na figura 1.

Figura 1: Ciclo de gestão de activos

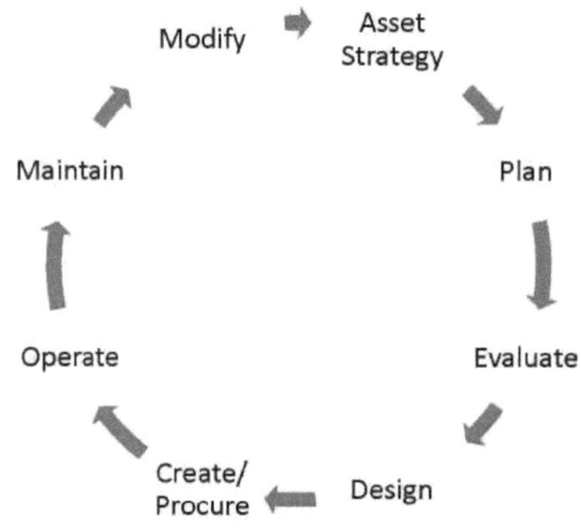

Adaptado de Campbell, (1995)

A Figura 1 mostra que a gestão de activos, de acordo com Campbell (1995), é estratégica e começa com a pergunta sobre a necessidade do ativo e a sua relação com o plano de negócios. O plano de negócios é então sujeito a avaliação antes da conceção do ativo necessário para cumprir o objetivo ou a necessidade comercial identificada. O processo de avaliação garante que o objetivo, a função e as normas de desempenho são justificados. A fase de avaliação é muito rigorosa, uma vez que pode também implicar a comparação entre custos e benefícios e a classificação das opções. O processo de avaliação termina com a aprovação, que dá início à conceção do ativo. Após a conclusão do projeto e das especificações detalhadas, o bem é construído ou produzido, e mantido ou modificado ao longo do tempo. No entanto, o foco deste estudo são os processos de manutenção, operação e modificação, mas estes processos são examinados de forma mais eficaz como parte do conjunto de actividades do ciclo de vida da gestão de activos.

Molentze (2005) observa que, embora o ciclo de vida da gestão de activos seja uma visão holística da gestão e melhoria da manutenção, estas etapas também podem ser reduzidas a quatro considerações temáticas relevantes para a gestão de activos. As categorias temáticas representam as principais fases do ciclo de vida da gestão de activos. Os quatro domínios são as fases de aquisição, exploração, manutenção e eliminação.

Uma razão importante para a manutenção é garantir um desempenho ótimo ou, pelo menos, normalizado. Na sequência deste facto, Campbell (1995) apresentou três taxonomias de medidas de desempenho. Estas taxonomias de medidas de desempenho baseiam-se em áreas de incidência do desempenho dos activos. As três áreas de enfoque são as medidas de desempenho do equipamento/instalações, as medidas de desempenho dos custos e as medidas de desempenho dos processos. Estas medidas são apoiadas por Muchiri, Pintelon, Gelders e Martin (2010), que descreveram as três taxonomias como amplamente populares na literatura sobre manutenção.

No entanto, Muchiri et al (2010) argumentam que os indicadores de gestão do desempenho eficientes devem necessariamente englobar questões de controlo e monitorização do desempenho, bem como apoiar as acções de manutenção para atingir os objectivos de gestão dos activos. Muchiri et al. (2010) sugerem alguns indicadores que são mais abrangentes para medir a melhoria do desempenho. Os indicadores sugeridos podem ser, em geral

considerados como indicadores de processo e indicadores de desempenho. Este modelo é apresentado no diagrama 2

Figura 2: O quadro de avaliação do desempenho da função de manutenção

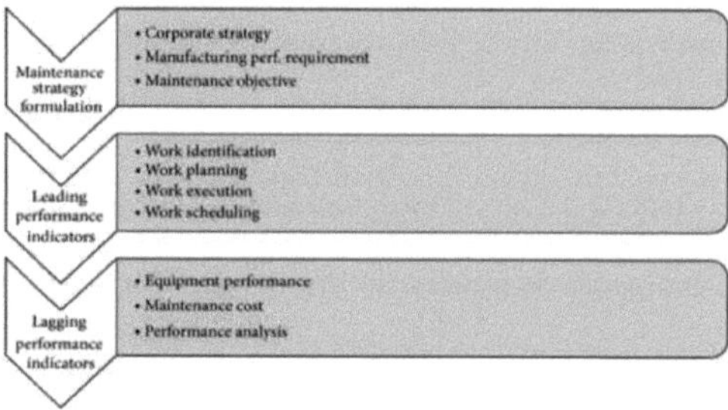

Adotado de Muchiri et al. (2010)

A partir do quadro de medição do desempenho, verifica-se que a estratégia de manutenção constitui o pano de fundo dos indicadores de desempenho principais e dos indicadores de desempenho secundários. No entanto, tanto os indicadores do processo de manutenção (principais) como os indicadores dos resultados da manutenção (secundários) são vitais para medir o desempenho da função de manutenção (Muchiri, et al 2010). Para cada elemento essencial, o principal encontro é reconhecer os indicadores de desempenho que irão expressar se os elementos essenciais são bem geridos.

Assim, espera-se que as práticas de manutenção sejam inerentemente benéficas a dois níveis: os indicadores principais, que se referem aos processos de trabalho, e os indicadores secundários, que medem os resultados de todo o processo de manutenção em termos de benefícios técnicos e económicos. Obviamente, os indicadores principais são mais imediatos, mas os indicadores secundários levam tempo a manifestar-se, uma vez que são mais a longo prazo. Basta dizer que os indicadores avançados são úteis para explicar os resultados a curto prazo das práticas de manutenção, enquanto os indicadores desfasados são adequados para explicar os resultados a médio e longo prazo das práticas de manutenção.

O quadro de medição da manutenção é adotado neste estudo para ilustrar os efeitos observáveis a curto, médio e longo prazo das práticas de manutenção no Teatro Nacional do Gana.

CAPÍTULO 3

METODOLOGIA

3.1 Introdução

Este capítulo apresenta o método de investigação utilizado para realizar o estudo. Descreve a abordagem da investigação, o procedimento de recolha de dados e uma descrição da população do estudo. O capítulo descreve também a estratégia de amostragem adoptada para o estudo e o procedimento de análise dos dados.

3.2 Conceção da investigação

Este estudo é uma exploração da cultura de manutenção de edifícios públicos, com especial incidência no Teatro Nacional do Gana. Para o estudo, foi utilizada a abordagem de método de investigação misto. Este método envolve a combinação de técnicas qualitativas e quantitativas bem estabelecidas para responder às questões de investigação colocadas (Teddlie & Yu, 2007). Como metodologia de investigação, o método misto envolve pressupostos filosóficos que orientam a direção da recolha e análise de dados e a aplicação de abordagens qualitativas e quantitativas em muitas fases do processo de investigação (Creswell, 2006). Na sua essência, esta metodologia centra-se na recolha, análise e combinação de dados quantitativos e qualitativos nos estudos (Creswell, 2006).

Ao utilizar o método misto para este estudo, foram utilizados questionários e guias de entrevista para recolher dados dos inquiridos. Os inquiridos para este estudo foram selecionados de entre o pessoal e os ocupantes do teatro nacional do Gana. Alguns membros da direção do teatro nacional foram também selecionados para entrevistas. A identificação da amostra, a recolha de dados, a análise e a apresentação dos dados foram efectuadas utilizando uma combinação de instrumentos de investigação qualitativos e quantitativos, a fim de refletir a natureza mista do estudo.

O método de investigação misto era adequado para este estudo porque assegurava um equilíbrio tal que os pontos fortes de um método de investigação atenuavam os pontos fracos do outro. Com efeito, contrariamente à utilização exclusiva do método quantitativo ou qualitativo, o método misto tira partido dos pontos fortes das duas abordagens de investigação.

Além disso, o método misto permitiu ao investigador utilizar vários instrumentos de recolha de dados para obter diferentes tipos de dados relevantes, em vez de se limitar aos tipos de recolha de dados tipicamente associados à investigação qualitativa ou à investigação quantitativa.

3.3 População do estudo

A população-alvo deste estudo envolve todos os ocupantes do Teatro Nacional e os gestores das instalações. O Teatro Nacional é ocupado por três companhias residentes: a Companhia Nacional de Dança, a Orquestra Sinfónica Nacional e os National Theatre Players.

A Companhia Nacional de Dança é uma agência da Comissão Nacional para a Cultura. Com a responsabilidade de ajudar a preservar e desenvolver a forma de dança tradicional do Gana, a Companhia Nacional de Dança funciona a partir do Teatro Nacional. A Orquestra Sinfónica Nacional é também uma organização governamental com a sua própria administração sob o controlo da Comissão Nacional para a Cultura. Criada pelo primeiro presidente do Gana, Dr. Kwame Nkrumah, em 2012, a Orquestra Sinfónica Nacional está também instalada no Teatro Nacional. Além disso, os actores do teatro nacional, tais como diretores, actores de palco e pessoal administrativo, também trabalham no teatro nacional.

3.4 Amostragem

O investigador utilizou as técnicas de amostragem probabilística e não probabilística para selecionar os inquiridos que participariam no estudo. A técnica de amostragem estratificada foi utilizada para selecionar cinquenta (50) inquiridos de entre o pessoal das várias organizações que trabalham no edifício do Teatro Nacional. Foi também utilizada uma estratégia de amostragem conveniente para selecionar dois (2) executivos responsáveis pelos trabalhos de manutenção e pela gestão das instalações.

A amostragem estratificada implica a divisão de uma população de estudo em grupos (estratos). Cada estrato é, portanto, tratado separadamente, e um certo número de inquiridos é retirado de cada estrato (Kusi, 2012). Esta abordagem foi adequada para o estudo porque ajudou a obter precisão de amostragem. Três organizações diferentes que ocupam o Teatro Nacional foram consideradas para este estudo. São elas a Companhia Nacional de Dança, a

Orquestra Sinfónica Nacional e o Teatro Nacional. Cada empresa foi considerada separadamente como um estrato. No total, 30 inquiridos foram selecionados entre o pessoal do teatro nacional, 10 inquiridos foram selecionados da Orquestra Sinfónica Nacional e outros 10 foram selecionados da Companhia Nacional de Dança.

Foi também utilizada uma amostragem intencional para selecionar dois membros da direção do teatro nacional para participarem no estudo. A técnica de amostragem intencional, também designada por amostragem por julgamento, foi utilizada para identificar dois membros da direção especificamente para a entrevista. A amostragem intencional envolve a seleção dos inquiridos com base em critérios pré-determinados que os tornam mais adequados do que outros constituintes da população (Creswell, 2014). Os inquiridos selecionados para a entrevista foram escolhidos com base na sua disposição para oferecer um conhecimento aprofundado sobre a cultura de manutenção e as práticas de gestão no teatro nacional.

3.5 Recolha de dados

Este estudo investigou as práticas de manutenção no teatro nacional. Os principais instrumentos de recolha de dados foram um questionário estruturado e um guião de entrevista. O questionário refere-se a um conjunto de perguntas abertas ou fechadas destinadas a obter informações específicas para um estudo. No entanto, os questionários estruturados implicam perguntas fechadas padronizadas que dão aos inquiridos a oportunidade de responder a perguntas simples selecionando opções de uma lista de respostas (Kusi, 2012).

O questionário estruturado utilizado para este estudo consistia em perguntas fechadas ou incitadas com respostas predefinidas. O investigador teve de antecipar todas as respostas possíveis com respostas pré-codificadas. Este tipo de questionário é popular nos estudos quantitativos, mas também é útil para estudos mistos. Os questionários estruturados utilizados para este estudo foram concebidos pelo investigador com base nos objectivos e no âmbito do estudo. O investigador foi assistido pelos dirigentes dos clubes de adeptos selecionados na distribuição e recolha dos questionários.

Os pontos fortes deste instrumento de recolha de dados residem na facilidade de submeter esses dados a uma análise estatística, uma vez que a informação recolhida já está organizada. Os inquiridos também se sentem mais à vontade para responder a questionários com respostas pré-determinadas. Apesar disso, os questionários estruturados também são restritivos, uma vez que não dão aos inquiridos a oportunidade de fluir ou de se exprimirem pelas suas próprias palavras. Os questionários estruturados foram utilizados para este estudo devido à necessidade de obter informações específicas de um grande número de inquiridos. Este instrumento também preenche o aspeto quantitativo do método misto de investigação.

Foram igualmente utilizados guiões de entrevista para obter informações junto dos responsáveis do teatro nacional. Uma entrevista é uma forma de técnica de interrogação e um instrumento principal de recolha de dados qualitativos. Envolve colocar questões aos inquiridos para obter respostas, normalmente numa situação cara a cara (Lindlof & Taylor, 2002). Para este estudo, foram utilizadas entrevistas em profundidade. Este tipo de entrevista é altamente interativo e adequado para obter informações pormenorizadas para análise. Todas as entrevistas foram realizadas cara a cara e foram gravadas com o consentimento do inquirido. As entrevistas tiveram uma duração média de 15 minutos.

3.6 Procedimento de análise de dados

A análise dos dados para este estudo é efectuada a dois níveis, uma vez que se trata de um estudo misto. Os dados quantitativos recolhidos através da utilização de questionários foram analisados descritivamente através de um programa informático - Statistical Package for Social Scientists (SPSS). Antes disso, o investigador codificou manualmente todas as respostas ao questionário e introduziu-as no software de análise de dados. A análise descritiva ajudou a organizar os dados em tabelas de frequência, somas e percentagens que foram posteriormente ilustradas com diagramas.

Os dados qualitativos obtidos através das entrevistas foram também registados, transcritos e submetidos a uma análise temática. A análise temática envolveu a leitura atenta das respostas às entrevistas, a fim de identificar padrões. Os padrões foram posteriormente agrupados em temas para análise.

CAPÍTULO 4

RESULTADOS E ANÁLISE

4.1 Introdução

Este capítulo apresenta os resultados do estudo no que respeita à investigação no terreno. O capítulo contém informações sobre as caraterísticas demográficas dos inquiridos, bem como uma análise dos resultados relativos às questões de investigação do estudo. O estudo procurou responder às seguintes questões de investigação;

iv. Quais são as práticas de manutenção do Teatro Nacional do Gana?

v. Quais são os resultados das actuais práticas de manutenção a curto, médio e longo prazo?
a longo prazo?

vi. Qual é a opinião do pessoal sénior e júnior sobre as actuais práticas de manutenção?

4.2 Caraterísticas demográficas dos inquiridos

No total, participaram no estudo 52 pessoas. Isto inclui cinquenta (50) funcionários do Teatro Nacional, do Ensemble Nacional de Dança e da Orquestra Sinfónica Nacional que responderam aos questionários, para além de dois (2) membros da direção do Teatro Nacional que foram entrevistados para obter informações aprofundadas. Assim, a análise numérica apresentada no capítulo é o resultado de 50 questionários preenchidos, administrados a ocupantes do Teatro Nacional provenientes de três organizações. A informação demográfica obtida inclui o género, a idade, a organização e o tempo de serviço.

4.2.1 Género

A distribuição por género dos inquiridos é apresentada no quadro seguinte.

Tabela 4.1: Distribuição dos inquiridos por género

Gender	Frequency	Percentage
Male	24	48
Female	26	52
Total	**50**	**100**

Fonte: Dados de campo, (2017)

A Tabela 4.1 mostra que as mulheres dominam a amostra. Havia 24 mulheres e 26 homens, representando 48% e 52%, respetivamente.

4.2.2 Idade

A distribuição etária dos inquiridos é apresentada no quadro seguinte.

Quadro 4.2: Distribuição etária dos inquiridos

Age	Frequency	Percentage (%)
19-29 years	12	24
30-39 years	19	38
40-49 years	7	14
50-59 years	12	24
Total	**50**	**100**

Fonte: Dados de campo, (2017)

O quadro 4.2 mostra que os participantes eram indivíduos de diferentes idades grupos. A maioria (38%) dos inquiridos tinha entre 30 e 39 anos de idade. Havia 12 inquiridos

(24%) com idades compreendidas entre os 19 e os 29 anos e outros 12 (24%) com idades compreendidas entre os 50 e os 59 anos. Além disso, 7 inquiridos (14%) tinham 40-49 anos de idade.

4.2.3 Organização ou instituição

As organizações ou instituições em que os vários inquiridos trabalhavam são apresentadas no quadro 4.3 abaixo.

Quadro 4.3 Organização/Instituição

Organisation	Frequency	Percentage
National Theatre	30	60
National Dance Ensemble	10	20
National Symphony Orchestra	10	20
Total	**50**	**100**

Fonte: Dados de campo, (2017)

O resultado do estudo, tal como apresentado no Quadro 4.3, revela que a maioria (60%) dos inquiridos trabalhava com o Teatro Nacional, que é uma das três instituições que ocupam o Teatro Nacional do Gana. 10 inquiridos (20%) representavam o National Dance Ensemble e outros 10 (20%) representavam a National Symphony Orchestra.

4.2.4 Tempo de serviço

A Tabela 4.4 abaixo mostra o período de serviço durante o qual os vários participantes trabalharam no Teatro Nacional.

Quadro 4.4 Duração do serviço

Length of service	Frequency	Percentage
1-3 years	10	20
4-6 years	8	16
7-10 years	12	24
Over 10 years	20	40
Total	**50**	**100**

Fonte: Dados de campo (2017)

A Tabela 4.4 mostra que a maioria (40%) dos inquiridos trabalha no Teatro Nacional há mais de 10 anos. Houve também 12 (24%) dos inquiridos que trabalharam nas instalações entre 7 e 10 anos, enquanto 8 (16%) inquiridos trabalharam lá entre 4 e 6 anos. Além disso, 10 inquiridos (20%) indicaram que estão no posto há um período de 1 a 3 anos.

4.3 Primeira questão de investigação: Quais são as práticas de manutenção do Teatro Nacional do Gana?

A primeira questão de investigação procurou investigar as práticas de manutenção efectuadas no National Theatre. Esta questão de investigação foi abordada na perspetiva dos ocupantes do Teatro Nacional e dos gestores das instalações. Para o efeito, os funcionários das instituições que ocupam o Teatro Nacional responderam aos questionários e os gestores do património responsáveis pelo Teatro Nacional foram também entrevistados para conhecer a sua perspetiva (de gestão).

Através de um questionário, os inquiridos foram convidados a selecionar, de uma lista de práticas de manutenção, as que são realizadas no Teatro Nacional. A este respeito, os inquiridos tinham a liberdade de selecionar mais do que uma prática de manutenção (tantas quantas as aplicáveis). O resultado deste item é apresentado no diagrama 1, abaixo.

Diagrama 1: Práticas de manutenção efectuadas no Teatro Nacional

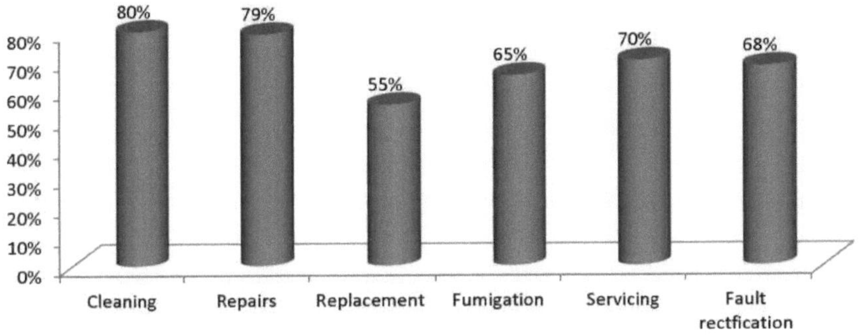

Fonte: Dados de campo, (2017)

A partir do Diagrama 1, pode observar-se que existem várias práticas de manutenção realizadas no Teatro Nacional do Gana. Muitos inquiridos selecionaram mais de três práticas de manutenção, mostrando a natureza extensiva das práticas de manutenção realizadas no Teatro. Entre estas, a limpeza parece ser a mais preponderante, uma vez que foi selecionada por 80% dos inquiridos. Os trabalhos de reparação são também uma prática de manutenção bastante comum no Teatro Nacional, como indicado por 79% dos inquiridos. Outras práticas de manutenção igualmente reconhecidas no Teatro Nacional incluem a assistência técnica, a retificação de avarias, a fumigação e a substituição.

Os inquiridos também comentaram a natureza destas práticas de manutenção. A este respeito, os inquiridos tinham de selecionar de uma lista de opções que indicava as reparações como sendo de rotina, importantes ou periódicas. O resultado deste item do questionário é ilustrado no diagrama 2.

Diagrama 2: Natureza das práticas de manutenção no Teatro Nacional

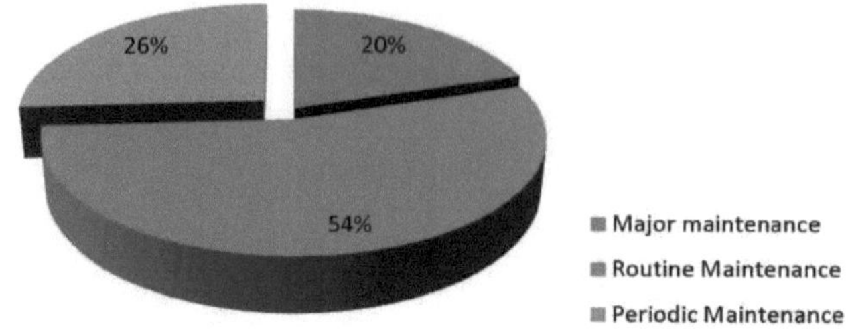

Fonte: Dados de campo, 2016

A partir do Diagrama 2, pode observar-se que a maioria dos trabalhos de manutenção efectuados no Teatro Nacional é de rotina. A maioria (54%) dos inquiridos indicou que o trabalho de manutenção no teatro é de rotina por natureza. No entanto, 13 (26%) dos inquiridos consideram que os trabalhos de manutenção no teatro são periódicos, mas 10 (20%) dos inquiridos indicaram que os trabalhos de manutenção no teatro podem ser melhor descritos como manutenção importante.

A fim de avaliar adequadamente a forma e o modo das práticas de manutenção realizadas no Teatro Nacional, foi pedido aos inquiridos que indicassem o grau de concordância ou não com várias afirmações que descrevem as práticas de manutenção no Teatro Nacional. Foi utilizada uma escala do tipo likert de cinco pontos para medir as respostas relativas à descrição das práticas de manutenção. A escala de tipo likert foi calibrada da seguinte forma: Concordo fortemente (SA), Concordo (A), Nem concordo nem discordo (NA/DA), Discordo (D), Discordo fortemente (SD). O resultado deste item específico do questionário é apresentado na Tabela 4.5.

Quadro 4.5: Descrição das práticas de manutenção

Maintenance Practice	SA	A	NA/DA	D	SD
Regular check up to prevent breakdown	50%	30%	20%	0	0
Predictive/condition based maintenance	20%	20%	24%	36%	0
Corrective maintenance to address existing problems	75%	25%	0	0	0
Emergency repair to quell eminent danger	22%	68%	0	10	0
Breakdown maintenance after equipment failure	12%	70%	0	18%	0
On-going improvement to avoid periodic maintenance	10%	20%	0	70%	0

Fonte: Dados de campo, 2017

Como mostra a tabela 4.5 acima, as práticas de manutenção efectuadas no Teatro Nacional assumem diferentes descrições. No entanto, a maioria dos inquiridos (75%) concordou fortemente que as práticas de manutenção no teatro podem ser melhor descritas como 'manutenção corretiva para resolver problemas existentes', 25% dos inquiridos também concordaram com isto. Além disso, 50% dos inquiridos indicaram que os trabalhos de manutenção no teatro podem ser descritos como "controlo regular para evitar avarias", 30% dos inquiridos concordaram e 20% não concordaram nem discordaram.

Também pode ser visto na Tabela 4.5 que 70% dos inquiridos concordaram que a "manutenção de avarias após falha de equipamento" é comum no teatro, 12% dos inquiridos concordaram fortemente com isto, mas 12% discordaram. Além disso, 68% dos inquiridos também indicaram que os gestores do teatro efectuam "reparações de emergência para afastar um perigo eminente", 22% dos inquiridos concordaram com isto, mas 10% discordaram.

Opinião dos gestores sobre as práticas de manutenção (respostas às entrevistas)

Foram entrevistados dois funcionários superiores do departamento de gestão do património do Teatro Nacional para obter informações sobre as perspectivas de gestão das práticas de manutenção no Teatro Nacional. Os indivíduos selecionados para as entrevistas foram os chefes dos

Departamento de Gestão do Património (gestores do património).

Os gestores do património confirmaram as práticas de manutenção identificadas no questionário. Em entrevistas separadas, os gestores imobiliários que apresentaram perspectivas de gestão indicaram que são realizadas várias actividades para garantir a funcionalidade do teatro, mas muitas delas são de rotina.

Um gestor imobiliário explicou que

> A manutenção de rotina exige menos competências técnicas e não implica custos substanciais, pelo que a manutenção de rotina é efectuada com muita frequência. Por exemplo, todo o teatro é limpo regularmente; também efectuamos a manutenção técnica dos aparelhos de ar condicionado, a substituição de lâmpadas e a pintura de paredes degradadas (resposta literal do gestor do património).

Numa entrevista separada, outro gestor imobiliário revelou que:

> Há pessoal designado para efetuar a manutenção de rotina. No entanto, todos os trimestres são organizados exercícios de limpeza geral para envolver todo o pessoal no exercício de limpeza. Para além disso, fazemos uma manutenção anual, durante a qual tentamos encerrar durante cerca de três semanas para efetuar alguns trabalhos de manutenção completos. No ano passado, deveríamos ter encerrado algures em dezembro, mas este ano, em janeiro, o encerramento foi adiado devido às actividades no teatro (resposta literal do gestor da propriedade).

Evidentemente, o objetivo da manutenção é principalmente a preservação; assim, as práticas de manutenção são frequentemente realizadas para restaurar o estado operacional de um bem a um custo reduzido, a fim de aumentar a vida útil do bem. No caso do Teatro Nacional do Gana, tanto as entrevistas como a administração do questionário revelaram que várias práticas de manutenção são efectuadas ou supervisionadas pelo departamento de património para garantir a disponibilidade contínua das instalações. Embora a maioria destas práticas de manutenção sejam rotineiras e mundanas, existem também programas periódicos que exigem que as instalações sejam fechadas ao público para garantir que as actividades de manutenção sejam realizadas de forma mais completa.

A natureza das práticas de manutenção efectuadas no Teatro Nacional pode ser descrita como preventiva e preditiva. Telang (1998) opina que a manutenção preventiva é muito importante porque, no caso dos serviços de construção, uma negligência mínima pode resultar em perigo potencial. As práticas de manutenção preventiva incluem: limpeza completa, substituição de peças, aperto e ajustamento estrutural. A manutenção preventiva é planeada e pode incluir actividades que são iniciadas depois de a infraestrutura ter sido utilizada durante um certo período de tempo. A manutenção preventiva depende da probabilidade estimada de a infraestrutura se avariar ou colapsar se não for objeto de manutenção a um determinado intervalo (Telang, 1998).

A manutenção preditiva está relacionada com a manutenção preventiva. Esta é também designada por manutenção baseada nas condições. Na manutenção preditiva, as instalações só são consideradas merecedoras de atenção quando existem provas diretas da ocorrência de deterioração. Este tipo de manutenção baseia-se na necessidade de efetuar a manutenção apenas quando a reparação é realmente necessária e não após um determinado período de tempo (Irajpour et al.
2014).

O modo como as práticas de manutenção no Teatro Nacional são reveladas neste estudo é

A manutenção e a gestão da qualidade não devem ser dissociadas, mas sim integradas como parte da estratégia empresarial para garantir a disponibilidade contínua do equipamento, a qualidade da produção e a competitividade dos serviços. As práticas de manutenção do Teatro Nacional também podem ser descritas como representativas da gestão da qualidade, mas não silenciosas. Kaufmann e Wiltschko (2006) observaram que a gestão da qualidade é processual e estruturada. A Organização Internacional de Normalização ISO 9000 define-a como actividades coordenadas para dirigir e controlar uma organização no que diz respeito à qualidade. A direção e o controlo da qualidade incluem geralmente a definição da política e dos objectivos da qualidade, o planeamento da qualidade, o controlo da qualidade, a garantia da qualidade e a melhoria da qualidade. Dos cinco indicadores, as práticas de manutenção no teatro ficam aquém de dois: política de qualidade e melhoria da qualidade. Este facto deixa muito a desejar, uma vez que a gestão da qualidade é um processo contínuo e o facto de se contornar alguns dos elementos tornaria a gestão da qualidade total difícil de alcançar.

4.4 Segunda questão de investigação: Quais são os resultados das actuais práticas de manutenção a curto, médio e longo prazo?

A segunda questão de investigação procurou determinar os resultados a curto, médio e longo prazo das actuais práticas de manutenção do Teatro Nacional do Gana. Esta questão de investigação foi abordada através de questionários e entrevistas.

4.4.1 Resultados a curto prazo das práticas de manutenção

Os ocupantes da amostra do Teatro Nacional do Gana foram convidados a indicar o grau de concordância ou não com afirmações selecionadas relativas a trabalhos de manutenção no Teatro Nacional. As respostas foram medidas numa escala de tipo likert de 5 pontos que foi calibrada da seguinte forma: Concordo fortemente (SA), Concordo (A), Nem concordo nem discordo (NA/DA), Discordo (D), Discordo fortemente (SD). O resultado deste item do questionário é apresentado na tabela 4.6 abaixo.

Quadro 4.6 Resultados a curto prazo das práticas de manutenção

Short term outcomes	SA	A	NA/DA	D	SD
Improved work flow for occupants	62%	38%	0	0	0
Maintains attraction and aesthetics of the building	70%	8%	12%	10%	0
Ensures the facility meets functional requirements and quality standards	100%	0	0	0	0
Makes building conducive for occupants	50%	50%	0	0	0

Fonte: Dados de campo, (2017)

A Tabela 4.6 mostra que os inquiridos têm opiniões diferentes sobre os resultados a curto prazo das práticas de manutenção no Teatro Nacional. Apesar disso, todos (N=50) os inquiridos concordaram fortemente que, a curto prazo, as práticas de manutenção garantem que as instalações cumprem os requisitos funcionais e as normas de qualidade. Além disso, houve um consenso considerável quanto ao facto de as práticas de manutenção ajudarem a manter a atração e a estética do Teatro Nacional, tendo a maioria dos inquiridos (70%) concordado fortemente com esta afirmação, 8% concordado e 12% não concordado nem discordado.

Outro resultado observável a curto prazo das práticas de manutenção que obteve uma aprovação significativa foi o facto de as práticas de manutenção garantirem um melhor fluxo de trabalho para os ocupantes dos edifícios. A maioria (62%) dos inquiridos concordou fortemente que as práticas de manutenção melhoram o fluxo de trabalho dos ocupantes dos edifícios a curto prazo, enquanto os restantes 38% dos inquiridos também concordaram com esta afirmação. Além disso, metade dos inquiridos (50%) concordou fortemente que os trabalhos de manutenção tornam o edifício propício para os ocupantes a curto prazo, tendo outros 50% dos inquiridos também concordado.

4.4.2 Resultados a médio prazo das práticas de manutenção

A médio prazo, as práticas de manutenção podem igualmente trazer vários benefícios. Para avaliar os resultados a médio prazo das práticas de manutenção, foi pedido aos inquiridos que indicassem o grau de concordância ou de discordância numa escala de 5 pontos do tipo likert, sendo os resultados ilustrados no quadro 4.7.

Quadro 4.7 Resultados a médio prazo das práticas de manutenção

Medium Term Outcomes	SA	A	NA/DA	D	SD
Prevent/reduce the total closure of the theatre	78%	2%	0	20%	0
Improved coordination and efficiency of scheduled maintenance	15%	60%	10%	15%	0
Reduced repair/operational cost	10%	25%	25%	40%	0
Improved quality (quality management)	10%	64%	20%	6%	0

Fonte: Dados de campo, (2017)

Observa-se na Tabela 4.7 que os inquiridos variaram nas suas respostas sobre os resultados das práticas de manutenção a médio prazo. Como se pode ver na tabela, a maioria (78%) dos inquiridos concordou fortemente que as práticas de manutenção evitam ou reduzem a probabilidade de encerramento total do teatro, 2% dos inquiridos também concordaram e 20% discordaram. Verificou-se também que as práticas de manutenção contribuem para melhorar a coordenação e a eficiência da manutenção programada a médio prazo. Como mostra a tabela 4.7, 60% dos inquiridos concordaram que as práticas de manutenção contribuem para melhorar a coordenação e a eficiência da manutenção programada a médio prazo, 15% concordaram fortemente, 10% não concordaram nem discordaram e 15% discordaram. Além disso, a maioria dos inquiridos (64%) concordou que as práticas de manutenção conduzem a uma melhor gestão da qualidade a médio prazo. 10% dos inquiridos concordaram fortemente com esta afirmação, 20% não concordaram nem discordaram e 6% discordaram.

4.4.3 Benefícios a longo prazo das práticas de manutenção

A longo prazo, as práticas de manutenção trazem certamente muitos benefícios para a instalação mantida. Mais uma vez, foi pedido aos inquiridos que indicassem o grau de concordância ou não com várias afirmações que descrevem os benefícios a longo prazo das práticas de manutenção, e os resultados são apresentados na tabela 4.8.

Quadro 4.8 Benefícios a longo prazo das práticas de manutenção

Maintenance Practice	SA	A	NA/DA	D	SD
Prevent building collapse	100%	0%	0	0	0
Prevent sudden breakdown of building component and equipment	85%	15%	0	0	0
Ensure continuous availability of the theatre	90%	10%	0	0	0
Guarantee building quality overtime	75%	10%	0	15%	0

Fonte: Dados de campo, (2007)

A Tabela 4.8 mostra que existe um amplo consenso quanto ao facto de as práticas de manutenção evitarem o colapso de edifícios. Como se pode ver na tabela, todos os inquiridos (N=50) concordaram fortemente que as práticas de manutenção evitam o colapso das instalações. Além disso, 85% dos inquiridos concordaram fortemente que as práticas de manutenção evitam a avaria súbita dos componentes e equipamentos do edifício, enquanto os restantes 15% dos inquiridos também concordaram. Além disso, a maioria dos inquiridos (90%) concordou fortemente que as práticas de manutenção garantem a disponibilidade contínua do teatro, e 10% dos inquiridos concordaram com isto. Por último, as práticas de manutenção também garantem a qualidade do edifício ao longo do tempo: 75% dos inquiridos concordaram fortemente com esta afirmação, 10% concordaram e 15% não concordaram nem discordaram.

Opiniões dos gestores sobre os benefícios da manutenção a curto, médio e longo prazo práticas

As entrevistas separadas dos gestores do património do Teatro Nacional revelaram muito sobre os benefícios das práticas de manutenção a curto, médio e longo prazo. Foi revelado que as práticas de manutenção ajudaram a garantir o conforto dos ocupantes das instalações e de outros utentes. Os gestores do património explicaram que a varredura regular, a lavagem e a reparação de peças partidas garantem o conforto dos que trabalham nas instalações e dos utentes que vêm assistir aos programas.

Um gestor explicou;

> Aparentemente, as nossas práticas de manutenção tornam o local higiénico e propício ao trabalho, aos negócios e ao lazer. Toda a gente quer estar num local limpo, confortável e seguro, por isso, a curto prazo, fazemos o nosso melhor para corresponder a estas expectativas e tornar o local confortável para os nossos clientes (resposta literal do gestor da propriedade).

Foi ainda revelado que, a curto prazo, as práticas de manutenção também melhoram a estética do teatro. Através de pintura, instalação de luzes de elevação, polimento de superfícies de madeira, os gestores do teatro tornam o local mais atrativo e apelativo.

> É inegável que os nossos trabalhos de manutenção diários e periódicos também tornam o teatro mais bonito. Quer dizer, é um edifício relativamente antigo, mas quando entrar vai gostar do que vê, porque trabalhamos para tornar o local não só disponível mas também atrativo para os nossos clientes, para que continuem a ter os seus programas connosco.

Um gestor imobiliário comentou durante as entrevistas.

A médio prazo, as práticas de manutenção garantem que o teatro está aberto para

atividade. Verificou-se que as práticas de manutenção, tais como a verificação constante e periódica dos trabalhos eléctricos, a manutenção dos aparelhos de ar condicionado e o convite a peritos para trabalhos de palco, ajudam a garantir que o Teatro Nacional do Gana funciona plenamente como um edifício nacional.

Um gestor imobiliário explicou-o com uma ilustração;

Por vezes, ouve-se dizer que o teatro foi encerrado ao público, mas nunca foi totalmente encerrado. Sempre que o fazemos, tudo o que tentamos fazer é garantir que tudo está a funcionar de acordo com as normas, para que, quando o público precisar de utilizar o local, este continue disponível. Assim, a disponibilidade contínua do teatro é a prova de que os trabalhos de manutenção têm sido efectuados, embora seja necessário fazer muito mais (resposta literal do gestor do património).

A afirmação supra reflecte o benefício a médio prazo das práticas de manutenção na perspetiva da gestão.

A longo prazo, a gestão da manutenção contribui para melhorar a qualidade do Teatro Nacional do Gana. De acordo com os gestores das instalações, o Teatro Nacional registou várias melhorias em termos de qualidade do edifício e estes são os benefícios a longo prazo das práticas de manutenção. Foi revelado que foram efectuadas duas grandes obras de manutenção no Teatro Nacional desde a entrada em funcionamento das instalações em 1992. A primeira grande manutenção foi em 1995, quando os empreiteiros chineses que construíram originalmente o teatro vieram instalar sistemas de ar condicionado central e mudaram algumas das instalações eléctricas com mau funcionamento. Em 2006, foi também efectuada a segunda grande operação de manutenção, que levou à construção de rampas para deficientes, à substituição de janelas de vidro e à instalação de novos sistemas de som central, painéis de distribuição eléctrica e ar condicionado.

Na opinião de um gestor de património;

> Atualmente, o teatro está melhor do que estava há muitos anos, quando foi construído. Isto deve-se ao facto de as instalações serem agora um teatro moderno, no sentido em que é adaptado a pessoas com deficiência, tem um design de palco moderno, cablagem melhorada e um sistema de som e refrigeração melhorado (resposta literal do gestor do património).

A resposta dada acima mostra que o estado do Teatro Nacional melhorou como um benefício a longo prazo das obras de manutenção, especificamente as grandes obras de manutenção.

Os achados deste estudo em relação ao segundo objetivo são aquiescentes com Aartsengel e Kurtoglu (2013) que buscaram aninhar a manutenção no processo de gestão da qualidade. De acordo com Aartsengel e Kurtoglu (2013), a gestão da qualidade pode ser assegurada através da manutenção contínua. Esta pode ser percebida como uma iniciativa transformadora de toda a organização, que está ligada à geração de mais lucros no curto prazo, sustentando esses ganhos no longo prazo e tornando a empresa mais competitiva.

De um ponto de vista teórico, as práticas de manutenção fazem parte da gestão da qualidade e, por conseguinte, podem ser modeladas e medidas com base em determinados índices (processo e resultados). Assim, espera-se que as práticas de manutenção sejam intrinsecamente benéficas a dois níveis: indicadores principais que se referem aos processos de trabalho e indicadores secundários que medem os resultados de todo o processo de manutenção em termos técnicos e económicos

benefício.

Os indicadores avançados são mais imediatos (curto a médio prazo), mas os indicadores atrasados Os indicadores de atraso levam tempo a manifestar-se, uma vez que são mais a longo prazo. Segundo Muchiri et al. (2010), os indicadores principais, como a identificação, o planeamento, a programação e a execução dos trabalhos de manutenção, são úteis para explicar os resultados a curto prazo das práticas de manutenção, enquanto os indicadores secundários (desempenho do equipamento e análise do desempenho) são adequados para explicar os resultados a médio e longo prazo das práticas de manutenção.

A este respeito, as práticas de manutenção no Teatro Nacional satisfizeram os indicadores de processo na medida em que a manutenção é planeada, programada e executada. No entanto, o desempenho do teatro fica aquém dos indicadores de atraso em certa medida, porque partes das instalações e alguns equipamentos instalados, como a fonte de água, não estão a funcionar de forma óptima, caraterística das infra-estruturas públicas ((Efobi & Anierobi, 2014). Afranie e Osei-Tutu (1999) observam igualmente que este é o principal problema das infra-estruturas públicas no Gana, uma vez que a cultura geral de manutenção é fraca.

4.5 Qual é a opinião do pessoal sénior e júnior sobre as actuais práticas de manutenção?

O terceiro objetivo do estudo dizia respeito às perspectivas dos inquiridos sobre as práticas de manutenção no Teatro Nacional. A opinião do pessoal de nível geral ou júnior sobre as práticas de manutenção foi obtida através da administração de questionários, enquanto a perspetiva da direção foi recolhida através de entrevistas.

No que diz respeito à perspetiva do pessoal subalterno, o questionário utilizado incluía uma lista de afirmações obtidas a partir da literatura sobre as perspectivas das práticas de manutenção, devendo o pessoal indicar o grau de concordância ou não com essas afirmações, utilizando

uma escala de tipo likert de cinco pontos. As perspectivas foram classificadas em perspectivas gerais

sobre a manutenção e as perspectivas sobre os resultados das práticas de manutenção.

Os resultados relativos às perspectivas gerais sobre a gestão da manutenção são apresentados no quadro 4.9.

Quadro 4.9 Perspectivas gerais sobre as práticas de manutenção

General perspectives	SA	A	NA/DA	D	SD
You are satisfied with the current level of maintenance	15%	20%	5%	50%	10%
The National Theatre has a backlog of maintenance	80%	10%	10%	0	0
There is a link between maintenance and quality management	100%	0	0	0	0
Maintenance programs are clearly expressed and communicated to relevant unit and departments	65%	15%	20%	0	0

Fonte: Dados de campo (2017)

A Tabela 4.9 mostra que os ocupantes do Teatro Nacional têm opiniões diferentes sobre as práticas de manutenção nas instalações. No entanto, todos os inquiridos (N=50) concordaram que existe uma ligação entre a manutenção e a gestão da qualidade. Além disso, a maioria (80%) dos inquiridos considera que o Teatro Nacional tem um atraso na manutenção, 10% concordaram e outros 10% não concordaram nem discordaram. Além disso, 65% dos inquiridos concordaram fortemente que os programas de manutenção são claramente expressos e comunicados às unidades e departamentos relevantes da organização. Entretanto, 20% dos inquiridos discordaram desta afirmação e os restantes 15% concordaram. Mais uma vez, foi evidenciado que os ocupantes não estavam satisfeitos com o nível dos trabalhos de manutenção no teatro, uma vez que 50% dos inquiridos discordaram da afirmação que indica que o nível de manutenção no Teatro Nacional é satisfatório. 20% dos inquiridos concordaram que o nível era satisfatório, 15% concordaram fortemente, 10 discordaram fortemente e 5 não concordaram nem discordaram.

Além disso, as opiniões diretas dos inquiridos sobre as práticas de manutenção no Teatro Nacional também foram procuradas e os resultados são apresentados resumidamente na Tabela 4.10 abaixo.

Quadro 4.10 Perspectivas sobre o estado atual da manutenção

	Perspectives about current state of maintenance	SA	A	NA/DA	D	SD
i.	Management is not committed to maintenance practices	25%	30%	30%	15%	0
ii.	Maintenance department is not well equipped	80%	10%	10%	0	0
iii.	Insufficient time for implementation	90%	10%	0	0	0
iv.	No developed indexes for quality management	8%	12%	70%	10%	0
v.	Lack of employee commitment to maintenance	0	0	0	80%	10%
vi.	Inadequate technical knowledge to ensure efficient maintenance	4%	20%	60%	6%	10%
vii.	Limited budget for maintenance	60%	10%	20%	0	0

Fonte: Dados de campo (2017)

O quadro 4.10 mostra que, na opinião da maioria dos inquiridos, o tempo disponível para a aplicação das práticas de gestão do desempenho é insuficiente. Especificamente, 90% dos inquiridos concordaram fortemente que o tempo disponível para a implementação das práticas de gestão do desempenho é limitado, enquanto os restantes 10% dos inquiridos concordaram. Além disso, a maioria dos inquiridos (80%) concordou fortemente que o departamento de manutenção do Teatro Nacional não está bem equipado, 10% concordaram e outros 10% não concordaram nem discordaram.

No que diz respeito ao compromisso da gestão com as práticas de manutenção como uma componente importante da gestão da qualidade, 30% dos inquiridos indicaram que não concordam nem discordam da afirmação relativa ao compromisso da gestão com as práticas de manutenção no Teatro Nacional. No entanto, 25% dos inquiridos concordaram fortemente que a direção não está empenhada na manutenção, 30% concordaram e 15% discordaram. A maior zona cinzenta parece ser a existência ou não de índices desenvolvidos para a gestão da qualidade do Teatro Nacional. A maioria dos inquiridos (70%) não tinha a certeza da existência de tais índices, uma vez que não concordaram nem discordaram desta afirmação. No entanto, 12% dos inquiridos concordaram que não existem índices desenvolvidos, 8% concordaram fortemente e 10% discordaram.

Além disso, os inquiridos não tinham a certeza de que o departamento de manutenção tivesse os conhecimentos técnicos necessários para efetuar uma manutenção adequada do teatro. A Tabela 4.10 mostra que 60% dos inquiridos não concordaram nem discordaram desta afirmação, 20% concordaram e 10% concordaram fortemente. Entretanto, 60% dos inquiridos concordaram fortemente que o orçamento para trabalhos de manutenção no Teatro Nacional não é suficiente, 10% dos inquiridos também concordaram com esta afirmação, mas os restantes 20% não concordaram nem discordaram.

Perspectivas de gestão das práticas de manutenção

As perspectivas da gestão permitiram uma visão mais aprofundada das práticas de manutenção, uma vez que os gestores expuseram as suas preocupações de forma mais pormenorizada. Em muitos casos, as perspectivas da direção confirmaram e deram mais ímpeto às opiniões do pessoal em geral.

Em primeiro lugar, foi revelado durante ambas as entrevistas que os gestores consideram que o período de tempo para as práticas de manutenção não é suficiente. As perspectivas de gestão apresentadas pelos gestores das instalações revelaram que, por vezes, o período de encerramento (3 semanas) do Teatro Nacional não é suficiente para efetuar a manutenção necessária

trabalho.

Um gestor imobiliário explicou este facto da seguinte forma;

> Por vezes, temos de adiar a manutenção programada porque o local está reservado. Por vezes, também temos de acelerar a manutenção, porque os fundos não estão disponíveis quando precisamos deles e, quando finalmente chega o momento de efetuar as obras, há reservas, pelo que temos de apressar o processo (resposta literal do gestor da propriedade).

Os gestores foram também da opinião de que a manutenção só pode ser efectuada quando os materiais e os fundos necessários para a manutenção estão disponíveis. Parte da manutenção consiste em reparar as instalações do edifício, tais como geradores de energia de reserva e substituição de partes da infraestrutura. Para tal, é necessário dispor de materiais ou de fundos para adquirir elementos obsoletos ou danificados. Infelizmente, "o que entra na caixa não é suficiente", como diz um gestor de património. Assim, os gestores das instalações estão limitados em termos de recursos.

Um outro gestor de património coloca esta questão em perspetiva: "temos o calendário, mas se o orçamento não estiver disponível, só podemos ir até onde for possível".

Este comentário mostra que os gestores não estão alheios aos desafios dos atrasos na manutenção referidos pelo pessoal geral, mas infelizmente não há recursos suficientes para os apoiar na execução de todos os trabalhos de manutenção.

Além disso, os membros da direção também indicaram que o público tem um papel a desempenhar na manutenção do Teatro Nacional. Sendo um local público e uma infraestrutura estatal, os gestores do Teatro Nacional foram enfáticos ao afirmar que os membros do público em geral, especialmente os cidadãos ganeses, têm um interesse no bem-estar do local e, como tal, devem apoiar a manutenção das instalações. A este respeito, foi revelado que o público pode apoiar diretamente a manutenção das instalações através de donativos ou simplesmente cumprindo os regulamentos quando visita as instalações.

Um gestor imobiliário explicou que algumas pessoas e organizações benévolas têm apoiado o trabalho do teatro através de patrocínios.

> Por exemplo, a Philips, uma empresa de eletrónica, forneceu luzes de elevação para o Teatro, e outra organização doou tapetes de lã ao Teatro Nacional. No entanto, alguns membros do público têm dificultado o nosso trabalho. Por exemplo, quando dizemos que não levem comida para o teatro, eles não compreendem, alguns até trazem pastilha elástica, que é difícil de remover quando se cola aos assentos e à alcatifa (resposta literal do gestor do património).

As perspectivas do pessoal e da direção sobre as práticas de manutenção do

O Teatro Nacional confirma as conclusões de estudos anteriores. Em particular, Eghan (2014) observa que a falta de cultura de manutenção no Gana é preocupante, mas o fenómeno é ainda mais pronunciado no sector público. Eghan (2014) sugere que a falta de uma cultura de manutenção favorável no Gana tem um custo como infraestrutura existente e isto é irritante porque já não há recursos suficientes para manter a infraestrutura existente, e a não manutenção também tem um custo.

Estas conclusões também apoiam a suposição de Odediran, Opatunji e Eghenure (2012) que argumentam que é uma prática comum no sector público reduzir os orçamentos de manutenção, especialmente em tempos de escassez de razões. No entanto, de acordo com Odediran, Opatunji e Eghenure (2012), esta prática já se verifica há algum tempo porque os efeitos de uma manutenção deficiente levam tempo a manifestar-se, ou seja, os resultados de uma manutenção deficiente são de longo prazo, tal como sugerido pelo modelo teórico de medição do desempenho proposto por Munchiri et al. (2010).

Além disso, as perspectivas apresentadas neste estudo confirmam as conclusões de outros estudos, como Uma e Abidike (2014), Cobbinah (2010) e Iyagba (2005), segundo os quais o estado das infra-estruturas públicas deixa muito a desejar. No entanto, embora estes estudos não tenham poupado palavras ao descreverem a forma como o Estado negligenciou as infra-estruturas públicas e as

o estado deplorável destes edifícios, não foi mencionado o papel dos cidadãos privados e das empresas na manutenção das infra-estruturas públicas, especialmente dos edifícios.

O Estado é o proprietário das infra-estruturas públicas que servem para fins recreativos, de saúde, de educação, de transporte e outros (Fox & Smith, 1990). No entanto, estas infra-estruturas são para a população do Gana, pelo que, para além de se preocuparem com o mau estado das infra-estruturas públicas, os cidadãos do Gana devem também contribuir para a manutenção e a melhoria da qualidade das infra-estruturas públicas, apoiando os gestores mandatários destas infra-estruturas ou as instituições imediatamente responsáveis pela manutenção das infra-estruturas públicas.

CAPÍTULO 5

RESUMO, CONCLUSÕES E RECOMENDAÇÕES

5.1 Introdução

Este último capítulo do estudo inclui um resumo de todas as principais conclusões do estudo. O capítulo apresenta igualmente as conclusões e recomendações do estudo.

5.2 Resumo

Este estudo procurou avaliar as práticas de manutenção e a melhoria da qualidade das infra-estruturas públicas. Adoptando o Teatro Nacional do Gana como um caso para uma exploração aprofundada, esta investigação examinou especificamente as práticas de manutenção do Teatro Nacional, os resultados dessas práticas e as perspectivas do pessoal sobre as práticas de manutenção. O estudo envolveu a utilização de questionários e de um guião de entrevista para obter dados dos ocupantes e gestores do teatro nacional.

Verificou-se que, no teatro nacional, são efectuadas práticas de manutenção como a limpeza, a pintura, a fumigação e a assistência técnica. Trata-se de trabalhos de manutenção de rotina que são supervisionados pelo departamento de gestão de património do teatro. Há também uma manutenção periódica que é efectuada trimestral e anualmente e que é supervisionada pelo departamento de gestão de propriedades. Além disso, o teatro raramente é objeto de grandes trabalhos de manutenção, que são realizados pelo consórcio de construção original chinês que construiu o edifício.

As práticas de manutenção no teatro nacional podem ser melhor descritas como preventivas e preditivas, uma vez que são realizadas para evitar o mau funcionamento das instalações e para restaurar o equipamento e os componentes do edifício para uma funcionalidade óptima.

Relativamente aos resultados das práticas de manutenção, foi revelado que, a curto prazo, as práticas de manutenção garantem que o Teatro Nacional cumpre os requisitos funcionais e as normas de qualidade. Isto também ajuda a manter a atração e a estética do teatro e contribui para melhorar o fluxo de trabalho dos ocupantes do edifício. A médio prazo, as práticas de manutenção previnem ou reduzem a probabilidade de encerramento total das instalações e contribuem para melhorar a coordenação e a eficiência de

manutenção programada. A longo prazo, as práticas de manutenção previnem a ocorrência de a avaria de componentes e equipamentos do edifício e evita o colapso total da instalação.

Os ocupantes e gestores do Teatro Nacional estão preocupados com o facto de as instalações terem um atraso nas obras de manutenção a realizar devido à inadequação do orçamento de manutenção. Foi também revelado que o público em geral ou os utilizadores do teatro podem desempenhar um papel na manutenção do local, observando as regras de utilização do Teatro Nacional, e que as organizações empresariais são incentivadas a doar ou a apoiar os esforços de manutenção do Teatro Nacional.

5.3 Conclusão

O estudo é uma avaliação das práticas de manutenção e de melhoria da qualidade das infra-estruturas públicas, utilizando como exemplo o Teatro Nacional do Gana. As conclusões que se seguem são tiradas com base na análise dos resultados.

Em primeiro lugar e acima de tudo, embora existam diferentes tipos de práticas de manutenção no Teatro Nacional, os processos de manutenção ainda não são adequados. As práticas de manutenção do Teatro Nacional também podem ser descritas como representativas da gestão da qualidade, mas não são silenciosas, devido à ausência de uma política de gestão da qualidade e ao laxismo na execução de medidas de melhoria da qualidade, tal como Afranie e Osei-Tutu (1999) supuseram.

Além disso, na perspetiva dos resultados da gestão da qualidade proposta por Muchiri et al. (2010), muitos dos resultados a curto e médio prazo (indicadores de processo) relacionados com o planeamento, a programação e a execução da manutenção foram alcançados, mas os índices de atraso não foram atingidos. O desempenho a longo prazo do teatro fica aquém dos

os indicadores de atraso em certa medida, porque algumas partes das instalações e alguns equipamentos instalados, como o bebedouro, não estão a funcionar de forma óptima.

Do ponto de vista do pessoal e da direção, existe a oportunidade de melhorar a qualidade do Teatro Nacional, abordando o desafio do financiamento insuficiente e do apoio público inadequado. Essencialmente, os cidadãos e a instituição mandatada para gerir o teatro têm de cooperar mais eficazmente para melhorar a qualidade desta infraestrutura pública tão importante.

5.4 Recomendações

Com base nas conclusões do estudo, são formuladas as seguintes recomendações

Em primeiro lugar, as práticas de manutenção preditiva e preventiva identificadas devem ser intensificadas pelos gestores do Teatro Nacional para melhorar a qualidade do teatro.

Além disso, é essencial desenvolver e codificar uma política de gestão da qualidade para o Teatro Nacional, que deve ser avaliada pelo público como uma medida de transparência.

A dotação orçamental para as obras de manutenção do teatro nacional também deve ser revista em alta para permitir que o departamento de manutenção faça o seu trabalho.

Além disso, uma vez que o teatro não se saiu muito bem nos indicadores de atraso, é importante considerar práticas de manutenção extensivas e importantes, que também implicam a transferência de competências da empresa de construção estrangeira para os seus homólogos locais no Gana, o que ajudará a garantir que o teatro continue a ser utilizável e relevante como edifício nacional.

Estudos futuros podem utilizar um inquérito descritivo para examinar as perspectivas dos utentes sobre a qualidade do Teatro Nacional enquanto infraestrutura pública.

São igualmente necessários estudos de acompanhamento para compreender melhor se o período em que o estudo foi realizado pode ter afetado os resultados a longo prazo ou as manifestações dos indicadores mais atrasados (a longo prazo).

Referências

Adenuga, O. A. (2010). Política de manutenção eficaz como ferramenta para manter o parque habitacional numa economia em recessão. *Journal of Building Performance*, 1 (1) 93110.

Afrane, S. K., & Osei-Tutu, E. (1999). *Building maintenance in Ghana: analysis of problems, practices and policy perspectives.* Accra: Banco Mundial.

Bamgboye, O. A. (2006). Capacity Building As A Strategy For Sustainable Infrastructures Maintenance Culture [Capacitação como Estratégia para uma Cultura de Manutenção de Infra-estruturas Sustentáveis]. *Conferência Nacional de Engenharia, Sociedade Nigeriana de Engenheiros.* Abeokuta: Gateway.

Bhuiyan, N., & Baghel, A. (2005). An overview of continuous improvement: from the past to the present. *Management Decisions*, 43 (5) 761-771.

Campbell, J. (1995). *Up Time: Strategies for Excellence in Maintenance Management.* Portland- Oregon: Productivity Press, .

Cobbinah, P. J. (2010). *Maintenance of buildings of public institutions in Ghana (Manutenção de edifícios de instituições públicas no Gana).* Kumasi: Dissertação não publicada apresentada à Faculdade de Artes e Arquitetura da Universidade de Ciência e Tecnologia Kwame Nkrumah.

Creswell, J. (2006). *Conceção da investigação: Qualitative, quantitative, and mixed methods approaches.* Thousand Oaks, CA: Sage.

Creswell, J. W. (2014). *Design de investigação: Abordagens qualitativas, quantitativas e mistas* (4.ª ed.), Thousand Oaks: Sage.

Dale, B. (1999). *Managing Quality Third Ed.* Oxford: Blackwell Publishers Inc.

Efobi, K. &. (2014). Sistema de transporte de massa na Nigéria: Estratégias para uma cultura de manutenção eficaz nas operações do sector público do Estado de Enugu. *Jornal de Tecnologias e Políticas Energéticas*, 4 (1) 14-19.

Fox, F. W., & Smith, T. R. (2001). Public infrastructure policy and economic development. *Economic Review*, 49-60.

Gits, C. W. (2002). Conceção dos conceitos de manutenção. *Jornal Internacional de Economia da Produção,* 24 (3), 217-226.

Herbaty, F. (2000). *Handbook of Maintenance Management: Cost Effective Practices.* Park Ridge: Noyes Publications.

Irajpour, A., Fallahian-Najafabadi, A., Mahbod, M., & Mohammad, K. (2014). Uma estrutura para determinar a eficácia das estratégias de manutenção abordagem de pensamento enxuto. *Problemas matemáticos em Engenharia,* 1-11.

ISO 9000 . (2000). *Sistema de Gestão da Qualidade - Fundamentos e vocabulário.* Genebra: Organização Internacional de Normalização.

Kelechi, E. (2014). Gestão de instalações de infra-estruturas de edifícios na Nigéria. *Revista de Investigação Civil e Ambiental,* 1-14.

Khan, L. (2013). *O impacto potencial da implementação de estratégias de Gestão de Projectos nas PME do sector imobiliário do Paquistão: um estudo de caso da Sahir Associates Pvt Ltd.* Tese não publicada apresentada à Royal Docks Business School, University of East London.

Kotter, J. P., & Heskett, J. L. (1992). *Corporate Culture and performance.* New York: Free Press.

Kusi H. (2012). Doing Qualitative Research- Um guia para investigadores qualitativos. Accra: Imprensa Emmpong.

Lindlof, T. R. & Taylor, C. B. (2002). *Qualitative communication research methods* (2nd Ed). Califórnia: Sage publications

Matindi, N. N. (2013). *Uma investigação sobre a influência da cultura de manutenção da habitação na gestão da habitação pública em Nairobi.* Relatório do projeto de investigação. Nairobi

Ministério das Finanças. (2014). *Boletim informativo do programa de parceria público-privada (PPP) do Gana.* Accra: Ministério das Finanças.

Mohamed, O. D. (2005). *Identificação das barreiras que afectam a qualidade da manutenção nas organizações fabris da Líbia (sector público).* Salford: Dissertação não publicada apresentada à escola de gestão da Universidade de Salford, Salford.

Mollentze, J. F. (2005). *Asset management auditing-The roadmap to asset management excellence.* . Pretória: Tese não publicada apresentada à Universidade de Pretória.

Muchiri, P., Pintelon, L., Gelders, L., & Martin, H. (2010). Desenvolvimento de um quadro e indicadores de medição do desempenho da função de manutenção. *International Journal of Production Economics*, 1-8.

Nganga, J. M., & Nyongesa, A. (2012). O impacto da cultura organizacional no desempenho das instituições de ensino. *Revista Internacional de Negócios e Ciências Sociais*, 3 (8), 211-218.

Odediran, S. J., Opatunji, O. A., & Eghenure, F. O. (2012). Manutenção de edifícios residenciais: práticas dos utilizadores na Nigéria. *Jornal de Tendências Emergentes em Ciências Económicas e de Gestão*, 1-16.

Ofori, F. D. (2013). Práticas de gestão de projectos e factores críticos de sucesso - Uma perspetiva de país em desenvolvimento. *Jornal internacional de negócios e gestão*, 8 (21) 14-32.

Olagunju, R. E. (2012). Sustentabilidade dos edifícios residenciais na Nigéria: uma avaliação dos factores que influenciam a manutenção dos padrões dos edifícios residenciais. *Civil and Environmental Research Journal*, 2 (4).

Parida, A., & Kumar, U. (2009). Maintenance productivity and performance measurement. In *Handbook of maintenenance management and engineering.* Berlin: Springer.

Parse, R. R. (2001). *Qualitative inquiry:The path of Sciencing.* Toronto: NLM Press.

Pheng, L. (1996). *Total Quality Facilities Management: A framework for Implementation Journal of Facilities.* Bingley: MCB University Press.

Sani, S. I. (2012). Factores determinantes no desenvolvimento da cultura de manutenção na gestão de bens e instalações públicas. *Congresso Internacional de Negócios Interdisciplinares e Ciências Sociais*, 65 (1) 827 - 832.

Schuman, C., & Brent, A. C. (2005). Gestão do ciclo de vida dos activos: Towards improving asset performance. *International Journal of Operation and Production Management*, 25 (6) 566-579.

Teddie, C., & Yul, F. (2007). Métodos mistos de amostragem: A Typology with Examples. *Journal of Mixed Methods Research.*

Uma, K. B., & Obidike, C. P. (2014). Cultura de manutenção e desenvolvimento económico sustentável na Nigéria: Issues, Problems and prospects. . *Revista Internacional de Economia, Comércio e Gestão*, 2 (1) 1-11.

Uma, K. E. (2014). cultura de manutenção e desenvolvimento económico sustentável na nigéria: questões, problemas e perspectivas. *Revista Internacional de Economia, Comércio e Gestão*, 2 (11) 1-11.

Usman, N. D., Gambo, M. J., & Chen, J. A. (2012). Cultura de manutenção e seu impacto na construção de edifícios residenciais na Nigéria. *Jornal de Ciência Ambiental e Gestão de Recursos*, 4 (1).

Van Aartsengel , A., & Kurtoglu, S. (2013). *Um Guia para a Transformação da Melhoria Contínua, Gestão para Profissionais.* Berlin: Springer.

Wiltschko, T., & Kaufmann, T. (2006). *Conceito de gestão da qualidade.* Viena: EUROROAD.

Wireman, T. (1998). *World Class Maintenance Management.* New York: Industrial Press.

APÊNDICE

QUESTIONÁRIO DE INVESTIGAÇÃO

Este questionário foi concebido para obter dados para uma tese de MBA sobre o tema **"Melhoria das práticas de manutenção e da qualidade da propriedade pública; o caso do Teatro Nacional do Gana".** Por favor, preencha este questionário da forma mais honesta e cuidadosa possível e assegure-se de que as informações fornecidas serão utilizadas exclusivamente para a investigação.

SECÇÃO A: DADOS BIOGRÁFICOS

1. Género: [ ] feminino [ ] masculino
2. Idade: [ ] 19-29 [ ] 30-39 [ ] 40-49 [ ] 50-59
3. .... Cargo/DesignaçãoTeatro nacional-Dança-Sinfónica
4. Há quanto tempo trabalha com o Teatro Nacional? ....

   1-3[ ] 4-6 [ ] 7-10[ ] mais de 10 anos [ ]

SECÇÃO B: ACTIVIDADES DE MANUTENÇÃO

5. Quais das seguintes práticas de manutenção são efectuadas no Teatro Nacional? ***Pode selecionar todas as que se aplicam***

[ ] Limpeza [ ] Retificação da avaria [ ] Reparação

[ ] Substituição [ ] Manutenção

6. Qual é a natureza da prática de manutenção no teatro nacional?

[Manutenção principal [ ] Manutenção periódica [ ] Rotina

Manutenção

7. Qual das seguintes opções descreve melhor as práticas de manutenção do Teatro Nacional do

Gana?

Concordo plenamente (SA), Concordo (A), Não concordo nem discordo (NA/DA), Discordo (D), Discordo plenamente (SD).

Maintenance Practice	SA	A	NA/DA	D	SD
i. Regular check up to prevent breakdown					
ii. Predictive/condition based maintenance					
iii. Corrective maintenance to address existing problems					
iv. Emergency repair to quell eminent danger					
v. Breakdown maintenance after equipment failure					
vi. Ongoing improvement to avoid periodic maintenance					

SECÇÃO C: RESULTADOS DAS PRÁTICAS DE MANUTENÇÃO

8. Qual das seguintes opções melhor descreve os resultados **a curto prazo** das práticas de manutenção no Teatro Nacional?

Concordo plenamente (SA), Concordo (A), Não concordo nem discordo (NA/DA), Discordo (D), Discordo plenamente (SD).

Short term outcomes	SA	A	NA/DA	D	SD
i. Improved work flow for occupants					
ii. Maintains attraction and aesthetics of the building					
iii. Ensures the facility meets functional requirements and quality standards					
iv. Makes building conducive for occupants					

9. Qual das seguintes opções melhor descreve os resultados **a médio prazo** das práticas de manutenção no Teatro Nacional?

Concordo plenamente (SA), Concordo (A), Não concordo nem discordo (NA/DA), Discordo (D), Discordo plenamente (SD).

Medium Term Outcomes	**SA**	**A**	**NA/DA**	**D**	**SD**
i. Prevent/reduce the closure of the theatre					
ii. Improved coordination and efficiency of scheduled maintenance					
iii. Reduced repair/operational cost					
iv. Improved quality (quality management)					

10. Qual das seguintes opções melhor descreve os resultados **a longo prazo** da manutenção práticas no Teatro Nacional?

Concordo totalmente (SA), Concordo (A), Nem concordo nem discordo (NA/DA), Discordo (D), Discordo totalmente (SD).

Maintenance Practice	**SA**	**A**	**NA/DA**	**D**	**SD**
i. Prevent building collapse					
ii. Prevent sudden breakdown of building component/equipment					
iii. Ensure continuous availability of the theatre					
iv. Guarantee building quality overtime					

PERSPECTIVAS SOBRE AS PRÁTICAS DE MANUTENÇÃO

11. Qual das seguintes afirmações descreve melhor as suas perspectivas gerais sobre as práticas de

manutenção no Teatro Nacional?

Concordo plenamente (SA), Concordo (A), Não concordo nem discordo (NA/DA), Discordo (D), Discordo plenamente (SD).

General perspectives	SA	A	NA/DA	D	SD
i. You are satisfied with the current level of maintenance					
ii. The National Theatre has a backlog of maintenance					
iii. There is a link between maintenance and quality management					
iv. Maintenance programs are clearly expressed and communicated to relevant unit and departments					

12. Qual das seguintes afirmações descreve melhor a sua perspetiva sobre o estado atual das práticas de manutenção no Teatro Nacional?

Concordo plenamente (SA), Concordo (A), Não concordo nem discordo (NA/DA), Discordo (D), Discordo plenamente (SD).

Perspectives about current state of maintenance	**SA**	**A**	**NA/DA**	**D**	**SD**
i. Management is not committed to maintenance practices					
ii. Maintenance department is not well equipped					
iii. Insufficient time for implementation					
iv. No developed indexes for quality management					
v. Lack of employee commitment to maintenance					
vi. Inadequate technical knowledge to ensure efficient maintenance					
vii. Limited budget for maintenance					

13. Na sua opinião, o que pode ser feito para melhorar as práticas de manutenção no teatro nacional?

Obrigado

Guia de entrevista

1. Quais são as práticas de manutenção do Teatro Nacional do Gana?

2. Com que frequência é efectuada a manutenção?

3. Quais são as práticas de manutenção a curto, médio e longo prazo da organização?

4. Quais são os resultados das actuais práticas de manutenção?

5. Como descreveria a eficácia ou não das actuais práticas de manutenção?

6. O que pode ser feito para melhorar a qualidade do Teatro Nacional?

Printed by Books on Demand GmbH, Norderstedt / Germany